生命科学插图从入门到精通

——Adobe Illustrator 使用技巧

Life Science Illustrations Drawing—An Adobe
Illustrator Guide for Beginners to Experts

赛哲生物视觉团队　编著

SPM 南方出版传媒

广东科技出版社 | 全国优秀出版社

·广　州·

图书在版编目（CIP）数据

生命科学插图从入门到精通：Adobe Illustrator 使用技巧 / 赛哲生物视觉团队编著 . —广州：广东科技出版社，2017.6（2019.1重印）
ISBN 978-7-5359-6715-2

Ⅰ . ①生… Ⅱ . ①赛… Ⅲ . ①图形软件 Ⅳ . ① TP391.41

中国版本图书馆 CIP 数据核字（2017）第 076978 号

生命科学插图从入门到精通——Adobe Illustrator 使用技巧

责任编辑：尉义明
责任印制：彭海波
装帧设计：创溢文化
出版发行：广东科技出版社
　　　　　（广州市环市东路水荫路 11 号　邮政编码：510075）
http://www.gdstp.com.cn
E-mail：gdkjyxb@gdstp.com.cn（营销）
E-mail：gdkjzbb@gdstp.com.cn（编务室）
经　　销：广东新华发行集团股份有限公司
印　　刷：广州市岭美彩印有限公司
　　　　　（广州市荔湾区花地大道南海南工商贸易区 A 幢　邮政编码：510385）
规　　格：787mm×1 092mm　1/16　印张 13.5　字数 300 千
版　　次：2017 年 6 月第 1 版
　　　　　2019 年 1 月第 3 次印刷
定　　价：78.00 元

PREFACE

　　我曾经是一名职业的三维动画师，为北京奥运场馆、中央电视台等制作过视觉表现动画。记得 2003 年非典肆虐，身边的朋友不少都出现轻度感冒的症状，吃药也没明显好转，但三四天之后自然痊愈。我认为，这是极低量非典病毒入侵人体的现象，只要有过这样症状的人都对非典病毒产生抗体了。所以我告知身边的朋友，保持室内开窗通风，就能避免感染非典。我周围的人，甚至我们那个小区，都没有人感染非典。

　　当时，我意识到国内生物科技人才奇缺，中国可以少一个优秀的动画师，但未来的国际竞争面前，多一个生物学家，就多一分力量，多一分竞争力。因此我毅然放弃了薪资优厚的动画行业，去德国学习生物，师夷长技以制夷。何曾想到，这一去就是 8 年，回国之后，主要研究"翻译组学"领域。

　　在国外学习新知识比国内更难，学东西成本极高。2006 年国内电脑已进入酷睿时代，德国汉堡大学的机房里面还充斥着奔腾 II 400，原因竟是换新电脑付不起 Windows 的授权费。然而，令我震撼的是，欧洲的学生们都能用非常生动的方式去讲述他们的思想，无论是严谨烦琐的实验证据还是异想天开的想法，他们都能用精美、形象的图画来让别人瞬间明白他们的理论。而国内的绝大部分学者都只会用蹩脚的 PowerPoint 元素堆砌，格调低不说，观众还难以明白要表达的意思。以至于到了国际会议上，只要看 PowerPoint 上的版式和图画，就知道这是中国学者还是欧美学者了——那惨不忍睹的一定是中国学者的。这实在是很丢脸的事情。

　　于是我明白了，为啥中国学者的学术水平已不逊于欧美学者，而世界科学界仍然几乎没有中国人的声音，中国也出不了 Discovery 这种级别的科教片。道理很简单：没有精美的图画，怎样让别人一目了然并且赏心悦目地理解你的伟大思想与远见卓识？"酒好也怕巷子深"，人人都知道产品包装的重要性，为啥到了学术思想上，连个包装都不会做呢？

　　期望美术家去绘画严谨的科学思想是不太现实的，美术家们并不深究科学理论内在的关系，更着重艺术表达上的创新，往往就会差之毫厘谬以千里。美国 Discovery 里面的美术家大多本身就是科学家，而我在德国的见闻也充分印证了欧美对美术素质教育的重视。将自己的伟大思想用美的方式去打动观众，本来就是一个科学工作者必备的基本素质。

　　于是我开始应用我多年前的美术功底，在自己的 PowerPoint 和报告中把版式和图画做漂亮，在公开讲课后反响热烈，周围的人竞相模仿抄袭却常常不得要领。我还常常帮同事改图，让他们的文章能以更赏心悦目的样子呈现在审稿人眼前。

　　当我反思之前的想法时，我发现，中国需要优秀的生物学家，然而更需要优秀的生物美术家，才能将卓越的思想流传于世。

　　在国内还普遍重视知识教育、缺乏艺术培养的大环境下，我非常欣喜地看到广州赛哲生物科技股份有限公司以很大的勇气和坚持，定期面向生物学家展开生物美学培训，提高生物学家们的绘图水平。而那些培训的学员们，也正在越来越多地将他们的思想以有震撼力的方式公之于众，他们自身也反过来受惠于此。这本面向生命科学工作者的插图绘本的面世，必将把这些基础美术技巧带给更多的人，实现科学与美的结合和升华。

暨南大学研究员、博士生导师　张弓

2017 年 1 月

　　擅长讲故事的人，他的概括能力定有过人之处。而要用一张图、一张画加一句图注来表达整个故事，某种程度上来讲，这近乎对艺术的苛刻追求。有趣的是，每分每秒、国内国外，都有无数的科研工作者游走在这艺术的边缘，如同设计精妙的实验一样，他们期待图片中每个元素都能物尽其用，充分表现出自己的实验思路、成果，让更多的同行翻阅自己文章的时候，能心领神会，甚至会心一笑。

　　在这个搜索引擎越趋智能的时代，根据文字找图片犹如探囊取物，所以，无论是细胞有丝分裂中的纺锤体这种难以描述的结构，还是遗传学家摩尔根的染色体遗传理论这种搭配线条才能理清的逻辑，都能在网上找到教科书般的范例。如果您要找的不是描述性插图，是数据陈列类的图表，同样易如反掌，搜寻"信息图"（Infographic）即可找到多如繁星的案例，以供参考。

　　如此看来，绘制生命科学插图是一个"拿来主义"的问题。事与愿违，问题往往卡在如何通过计算机辅助设计：数码化手绘还是直接电脑绘制？借助生物学软件还是设计软件？使用 PowerPoint 还是 Photoshop？通过透视图还是侧视图表达？是否存在数据库或者图片库？国外的月亮和图片总比国内的要圆、美……科研人员会存在这些疑问，作为一家集服务、研发、生产的生物企业，更是频繁碰到这些困惑，于是从 2010 年广州赛哲生物科技股份有限公司开始构建生物视觉团队，分别从资源、制作、美化、动画等多个角度出发，逐步打破这个信息不对称的局面。

　　生物视觉团队通过在北京、上海、广东等地的百余场讲座，逐步完善了一套零基础入门课程，并且在逾四十期的生物美学培训班中不断更替科学前沿内容进入教材，广获好评。本书的出版，并非将培训班教材生搬硬套放进来，而是考虑到缺少现场互动，我们对本书删减复杂图例、构建学习梯度、解读操作细节，务求令读者在自学的环境中，也能轻易感受到自己的进步，增加对绘制生命科学插图的兴趣与信心。

　　生物视觉团队积累了多年的插图绘画与投稿经验，通过为数不多的范例，定能帮助您大大提升您的绘图水平，让编辑们眼前一亮！这样豪迈的承诺，不仅仅来自团队身经百战的自信，更来自多年来全国各大院校学员的亲身体验与积极反馈。

　　祝广大科研工作者，工作顺利！

2017 年 1 月

INTRODUCTION 使用说明

各章的难度设定

本书每章设定三个基本难度级别，分别是 Easy、Normal、Hard。每个难度级别会有相应的示例。

Easy 难度。为零基础学习者提供简单明了的操作，夯实绘图基础。通过该难度学习，能自主绘制简易插图。

Normal 难度。提高学习难度，主要内容是要多个简单结构的组合，掌握该难度插图的绘画，能胜任日常工作需要。

Hard 难度。多种绘图技巧综合学习，实现论文投稿、项目申请等插图需要，高度概括整个课题内容。内容较多，请耐心学习这部分。

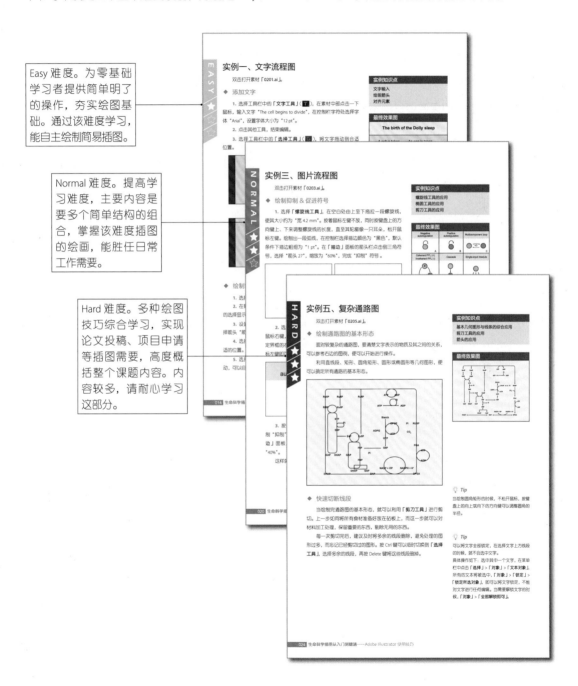

建议的学习顺序是：依次完成各章的 Easy、Normal、Hard。若觉得 Hard 部分难度稍大，可先跳过该难度，完成各章的 Easy、Normal 部分后，再回头思考 Hard 部分。

章节的阅读顺序

各章有相应的学习梯度设计,一星表示简单(Easy)程度,二星表示一般(Normal)程度,三星表示困难(Hard)程度。

对应每一实例打开相应的素材。素材中含有两个面板,左边是需要我们动手操作的部分,右边是最终的效果图。

NORMAL ★ ★ ☆

实例三、图片流程图

➤ 双击打开素材「0203.ai」。

◆ 绘制抑制 & 促进符号

1. 选择「**螺旋线工具**」,在空白处由上至下拖拉一段螺旋线,使其大小约为"宽4.2 mm"。按着鼠标左键不放,同时按键盘上的方向键上、下来调整螺旋线的长度,直至其轮廓像一只耳朵,松开鼠标左键。绘制出一段弧线,在控制栏选择描边颜色为"黑色",默认条件下描边粗细为"1 pt"。在「**描边**」面板的箭头栏点击倒三角符号,选择"箭头 27",缩放为"60%",完成"抑制"符号。

按照编号依次进行操作,详细的文字说明和示意图,能帮助我们更好地理解和完成每一步操作。

2. 选择「**选择工具**」,将"抑制"符号拖到橙色小球的上方,按鼠标右键,选择「**排列**」>「**置于底层**」。将光标放在"抑制"符号定界框的右上角,光标会变成一个双箭头的符号(↰),此时按着鼠标左键即可旋转"抑制"符号,将"抑制"符号旋转到合适的角度。

3. 按 Alt 键拖动鼠标(第15页的 Note 中有详细操作方法),复制"抑制"符号到旁边蓝色小球的上方合适的位置,点击右侧「**描边**」面板,将路径终点箭头修改为"箭头 5",相应缩放修改为"40%"。

这样就可以快速地完成"促进"符号的绘制。

实例知识点

螺旋线工具的应用
椭圆工具的应用
剪刀工具的应用

最终效果图

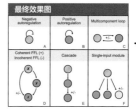

📝 **Note**

绘制螺旋线的时候,拖动的同时按向上或向下的方向键可以改变弧线弯曲的角度和方向。

💡 **Tip**

鼠标点击「**直线段工具**」不放,就会出现「**螺旋线工具**」,鼠标点击。

完成绘制后,得到最终的效果图。

Note 是重要的知识点,开拓我们的思路。

在操作过程中,如果遇到难处,不妨先阅读 Tip,这是锦囊。

在软件使用过程中,需要使用到的工具、面板等图示。

配套素材的下载地址:http://www.sagene.com.cn

CONTENTS 目 录

目 录　　CONTENTS

塞子教授

Beautiful drawings！

Chapter 1
准备工作

硬件准备

仅仅需要一台电脑，就能学习 Adobe Illustrator（简称 AI）软件。关于对应的推荐电脑配置，可访问 Adobe 官网查询。

实例知识点

软件安装
基本操作

软件准备

本书使用的 AI 版本为 Adobe Illustrator CS6，即使您在使用 Adobe Illustrator CS5 或 Adobe Illustrator CC，区别也不会很大。

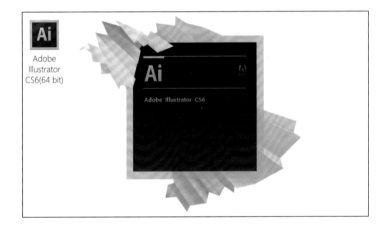

Adobe
Illustrator
CS6(64 bit)

☼ *Tip*

Adobe 软件每年都推出新的版本号，具体版本号是 CS5（2010 年）、CS5.5（2011 年）、CS6（2012 年）、CC_2013（2013 年）、CC_2014（2014 年）、CC_2015（2015 年）、CC_2016（2016 年）、CC_2017（2017 年）。其中 CS 表示 Creative Suite 系列，CC 表示 Creative Cloud 系列，后者具有云储存、月费订阅等特点。一方面，使用 CS6 可满足所有课程、工作需要；另一方面，CC 系列的新功能对科研工作者的使用实属聊胜于无。所以，在本书中使用的软件为 CS6 简体中文版。如果需要其他语言或版本，可到 http://www.adobe.com/cn/（免费）注册并登录，可得到 Adobe 所有软件（不同语言、版本）的下载地址。

软件安装

1. 可通过 Adobe 官网直接下载，或通过 Adobe 的官方下载器下载 Adobe Illustrator 软件。找到 Set-up.exe，双击安装。

2. 若弹出警告框，选择忽略，进入安装的初始化阶段。

3. 选择「**使用序列号安装**」或「**作为试用版安装**」；选择接受 Adobe 软件许可协议。

4. 点击登录，输入 Adobe ID 账号与密码；若没有 Adobe ID，点击获取 Adobe ID，创建账号。

5. 进入软件选项，根据操作系统的位数，选择 Adobe Illustrator CS6 或 Adobe Illustrator CS6(64 bit)，前者为 32 位，后者为 64 位，安装其中之一即可。

6. 等待安装，安装完成后，点击关闭。

基本操作

◆ 新建文档

1. 点击 Adobe Illustrator CS6 的图标，启动软件。点击菜单栏中「文件」>「新建」。

菜单栏

Note

新建文档的快捷键为：Ctrl+N。

2. 在弹出的新建文档框内，创建文档的名称，设置画板数量，设置画板大小的单位、宽度与高度，点击确定。大多数情况下，画板数量选择为 1 则可，纸张大小选择为 A4。

Note

点击高级，可展开显示更多的文档设置。

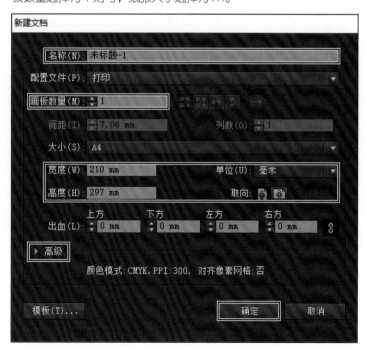

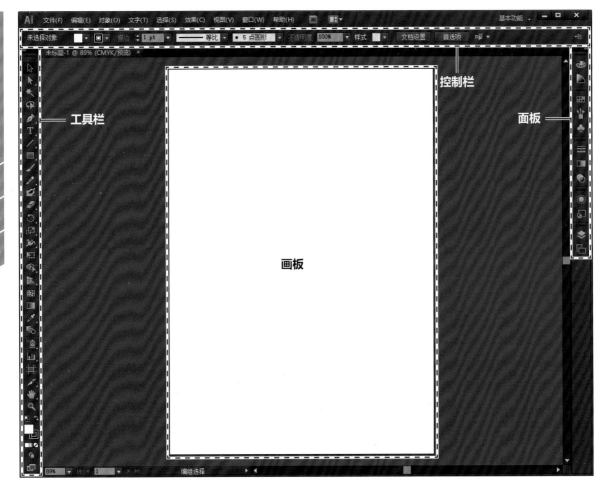

工具栏

控制栏

面板

画板

◆ AI 工具栏

Adobe Illustrator CS6 界面的左侧为工具栏，有的工具右下角带有三角形（◢）标记，表示其内含更多工具。鼠标左键长按，则弹出该工具的全部功能。

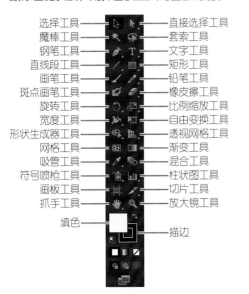

选择工具 —— 直接选择工具
魔棒工具 —— 套索工具
钢笔工具 —— 文字工具
直线段工具 —— 矩形工具
画笔工具 —— 铅笔工具
斑点画笔工具 —— 橡皮擦工具
旋转工具 —— 比例缩放工具
宽度工具 —— 自由变换工具
形状生成器工具 —— 透视网格工具
网格工具 —— 渐变工具
吸管工具 —— 混合工具
符号喷枪工具 —— 柱状图工具
画板工具 —— 切片工具
抓手工具 —— 放大镜工具
填色 —— 描边

钢笔工具 (P)
添加锚点工具 (+)
删除锚点工具 (-)
转换锚点工具 (Shift+C)

矩形工具 (M)
圆角矩形工具
椭圆工具 (L)
多边形工具
星形工具
光晕工具

铅笔工具 (N)
平滑工具
路径橡皮擦工具

旋转工具 (R)
镜像工具 (O)

比例缩放工具 (S)
倾斜工具
整形工具

直线段工具 (\)
弧形工具
螺旋线工具
矩形网格工具
极坐标网格工具

橡皮擦工具 (Shift+E)
剪刀工具 (C)
刻刀

形状生成器工具 (Shift+M)
实时上色工具 (K)
实时上色选择工具 (Shift+L)

符号喷枪工具 (Shift+S)
符号移位器工具
符号紧缩器工具
符号缩放器工具
符号旋转器工具
符号着色器工具
符号滤色器工具
符号样式器工具

◆ 保存文档

> **1.** 点击菜单栏中「**文件**」>「**存储**」，是常规的保存方法。

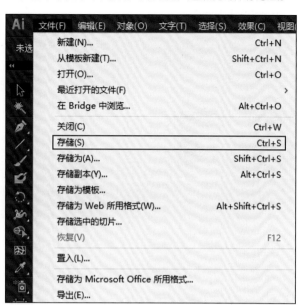

📝 **Note**

保存的类型一般选择 AI 格式。这是 Adobe
Illustrator 默认的存储格式。根据自己的需要，
还可以存储为 PDF 格式。另外，SVG、EPS 也
是流行的矢量文件存储格式。

> **2.** 当你想保存其他版本或保存到其他位置的时候，选择「**存储
> 为···**」。弹出的 Illustraotor 选项框，可以选择 Illustrator 的版本。

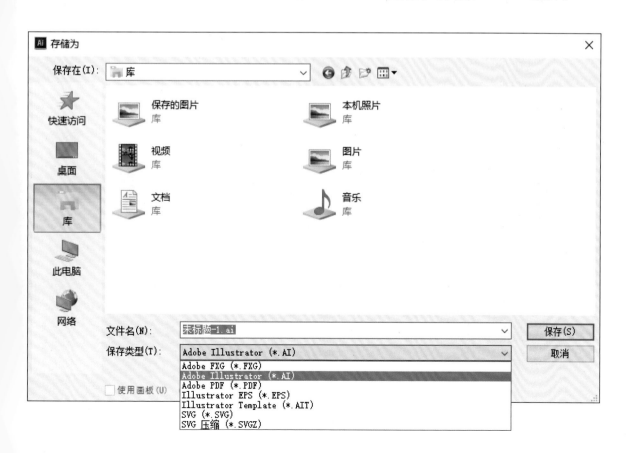

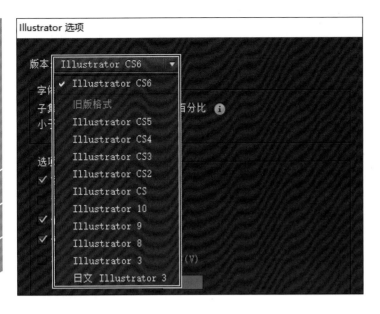

◆ 导出图片

1. 点击菜单栏中「**文件**」>「**导出**」，弹出导出窗口，选择保存文档的位置，设置文件名及保存类型，勾选使用画板，点击保存。

2. 弹出 TIFF 选项框，选择颜色模型、分辨率、消除锯齿等，勾选 LZW 压缩，点击确定。（LZW 压缩为无损压缩，建议选上，能大大压缩文件大小）

📝 *Note*

勾选使用画板，导出的图片仅显示画板内的图像。选择全部表示导出所有的画板，一个画板导出一张图片；点击范围可选择导出特定画板。如果不勾选使用画板，则无论绘画内容位置在哪里，一律被导出到图片中。

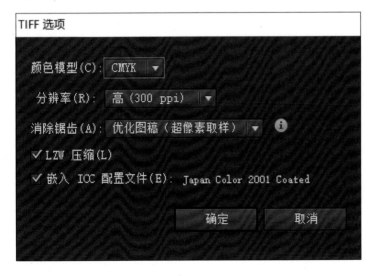

常用操作

◆ AI 面板

1. Adobe Illustrator CS6 界面的右侧为面板，点击右上角的双三角形可以展开/收起面板。部分面板的右上角有显示选项，表示显示该工具的全部功能，也可以点击面板名称前的双向箭头符号实现相同功能，切换面板的完整显示。下边以描边面板为例。点击描边左边的小按钮，切换选项状态。点击图标，则展开面板。在展开的面板右上角点击显示选项，则显示功能完整的面板。

2. 点击菜单栏中窗口，可显示其他的面板，也可以添加到面板栏中。

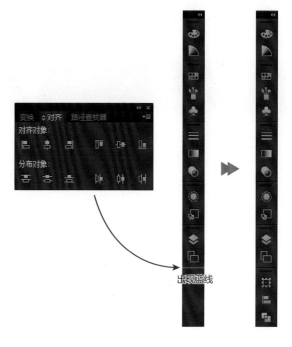

出现蓝线

◆ 移动画布

1. 选择工具栏中的「**抓手工具**」（🖐），在绘图区点击并拖动鼠标，可移动画布。

2. 除在输入字体的状态下，按着键盘上的空格键，可临时切换到「**抓手工具**」。

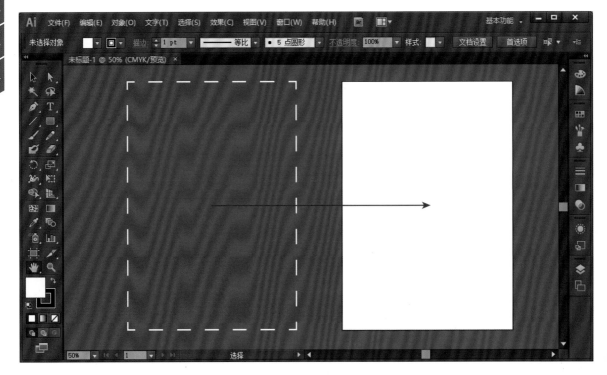

◆ 缩放视图

1. 选择工具栏中的「**缩放工具**」（🔍），在绘图区点击鼠标，点击的区域视图放大；按着 Alt 键，在绘图区点击鼠标，点击的区域视图缩小。拖动鼠标拉出虚线框，则放大该虚线框范围。

2. 按着 Alt 键，滚动鼠标滚轮，在绘图区中鼠标所在处放大／缩小。

3. 按着快捷键 Ctrl++ 或快捷键 Ctrl+ −，视图放大／缩小。

4. 双击工具栏中的「**抓手工具**」，或者按着快捷键 Ctrl+0，画板匹配窗口大小；按着快捷键 Alt+Ctrl+0，所有画板匹配窗口大小。

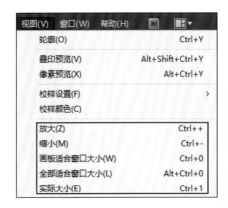

投稿须知

◆ **CMYK 与 RGB**

CMYK 是印刷色（主要用在印刷领域），RGB 是显示色（用在电子显示领域），后者的色域比前者广。投稿插图用在印刷领域居多，所以设计的时候常使用 CMYK 颜色，保证印刷后效果与设计图相差不大。

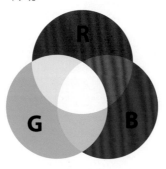 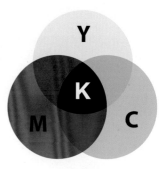

RGB模式　　　　　　　　　　　　CMYK模式

◆ **分辨率**

dpi 指分辨率，单位是点 / 英寸，所以数值越高，点（像素）越多，图片就越清晰，文件越大。常见的插图投稿要求为 300 dpi 或以上。

◆ **位图与矢量图**

1. 位图是由像素点构成的，每个点含有色彩、明度等信息。位图可以表现精细的图像，因此在艺术图片、照片等图形文件采用位图格式，位图的缺点是图像文件较大，如果原始位置的信息量有限（像素点少），不能任意放大。

2. 矢量图由线构成，线是按公式被记录下来。因此用于以线构成的图形文件，如工程图纸、字符等。优点是无论怎样放大图像，都保持清晰，缺点是只能应用在颜色、图形简单的图案上。

3. AI 软件绘画的图案，绝大多数为矢量图（软件自带部分功能会转换矢量图为位图）。所以，推荐使用 AI 软件绘制科研示意图。

矢量图　　　　　　　　　　　　位图

◆ 单位

1. 杂志社一般对投稿插图的尺寸、字体大小、描边粗细等有一定的要求，在 Adobe Illustrator 中，默认的常规单位（如宽、高）为"毫米"，描边粗细的单位为"pt"，文字的单位为"点"。

2. AI 软件中单位的设置：选择菜单中「**编辑**」>「**首选项**」>「**单位**」，弹出首选项框中的单位选项，可根据投稿要求自定义单位。

打火鸡

Well done!

Chapter 2
流程图

实例一、文字流程图

双击打开素材「0201.ai」。

◆ 添加文字

1. 选择工具栏中的「**文字工具**」（ T ），在素材中部点击一下鼠标，输入文字"The cell begins to divide"，在控制栏字符处选择字体"Arial"，设置字体大小为"12 pt"。

2. 点击其他工具，结束编辑。

3. 选择工具栏中的「**选择工具**」（ ），将文字拖动到合适位置。

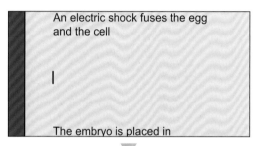

光标会一闪一闪

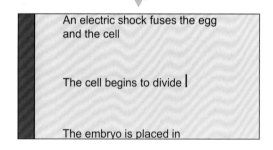

◆ 绘制箭头

1. 选择「**直线段工具**」（ ），自上而下拖出一条直线段。

2. 在软件界面的右面点击「**描边**」面板（ ），点击菜单栏中的选择显示更多（ ），可以看到「**描边**」面板扩展内容。

3. 设置粗细为"2 pt"，在箭头一栏点击倒三角符号（ ），选择箭头"箭头 1"，缩放为"60%"。

4. 选择工具栏中的「**选择工具**」，按 Alt 键复制箭头，并拖到合适的位置。

5. 选择工具栏中的「**直接选择工具**」（ ），点击箭头的一端拖动，可以自由调节箭头的长度。

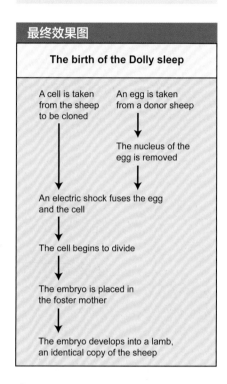

描边面板

Note

通过快捷键快速复制方式有两种：

1. 标准方向（垂直、水平、45°斜角）复制。
通过「**选择工具**」选择待复制的对象，点击
鼠标左键拖动其到附近，不要松开鼠标左键，
按着 Alt 键，同时按着 Shift 键，可观察到对
象的移动方向为标准方向。松开鼠标左键则
创建对象，最后才松开键盘按键。

2. 复制。通过「**选择工具**」选择待复制的对
象，鼠标左键拖动其到附近，不要松开鼠标
左键，按着 Alt 键，可观察到对象的移动方
向跟随鼠标光标位置。松开鼠标左键则创建
对象，最后才松开键盘按键。

Alt 表示复制，Shift 表示水平移动。

Note

用 Alt 复制功能和直接选择工具，绘制完成
流程图的全部箭头。（注意先松开键盘按键，
再松开鼠标左键）

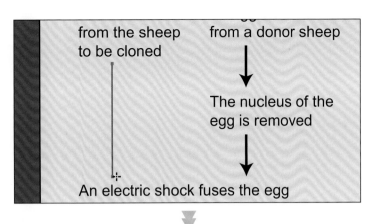

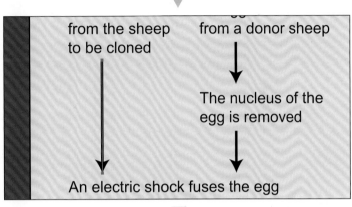

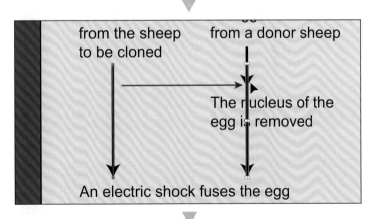

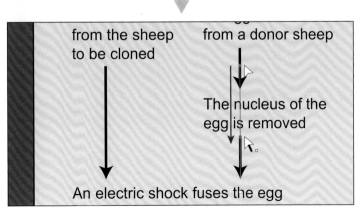

◆ 对齐元素

1. 选择「选择工具」，按 Shift 键加选需要对齐箭头，放开 Shift 键，再点击一下第一个箭头作为对齐的关键对象。

2. 点击菜单栏中「窗口」>「对齐」，打开「对齐」面板，在对齐对象中点击水平左对齐（▣），可以看到下面的三个箭头以第一个箭头左对齐。

💡 *Tip*

对齐关键对象：将第一个箭头作为参考对象，固定不动，第二个箭头向它对齐。在软件中，这个参考对象被称为"关键对象"。

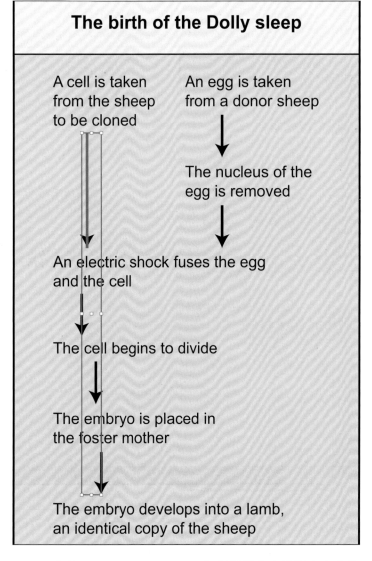

💡 *Tip*

在控制栏中也有对齐的快捷按钮。

「对齐」面板的快捷键为 Ctrl+F7。鼠标点击悬浮面板的上端，可以拖动面板。拖动面板至右栏，紧靠着其他面板的下方，当出现一条横线的蓝色线，松开鼠标，可以将悬浮面板嵌入到右栏中。

3. 文字"The cell begins to divide"以同样的方法对齐上方的文字。

完成文字流程图，点击菜单栏中「文件」>「存储」。

实例二、图文流程图

双击打开素材「0202.ai」。

◆ 选择箭头

1. 选择「**直线段工具**」，按 Shift 键绘制水平直线。在「**描边**」面板中设置粗细为"2 pt"，在箭头一栏点击倒三角符号，选择"箭头 7"。在控制栏选择描边颜色为"CMKY 绿"。

最终效果图

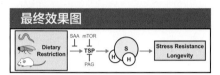

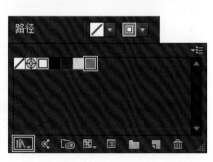

上面的色板只保存文档中使用的颜色，文档中没有使用的颜色均删除，以减少文档的大小。点击右下角的「**"色板库"菜单**」图标，选择「**默认色板**」>「**打印**」，出现常用的 CMYK 颜色，可拖动「**打印**」颜色到「**色板**」面板中，添加颜色。

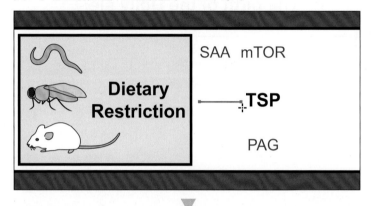

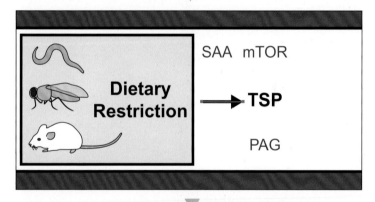

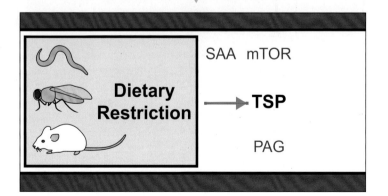

2. 选择工具栏中的「**直线段工具**」，按 Shift 键绘制垂直直线。在「**描边**」面板中设置粗细为 "2 pt"，在箭头栏点击倒三角符号，选择 "箭头 27"。在控制栏选择描边颜色为 "CMKY 洋红"。

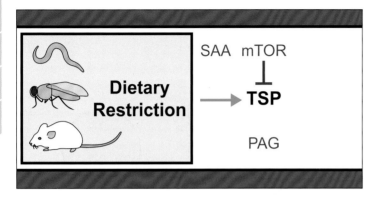

3. 选择「**选择工具**」，按 Alt 键复制多个箭头与抑制符号，拖动到适合的位置，使用控制栏的对齐功能使箭头与抑制符号对齐。

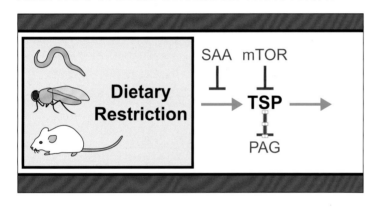

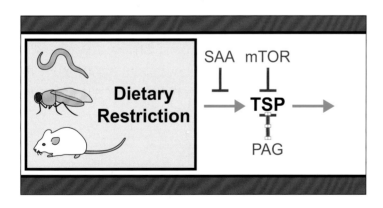

这些线段都是有方向的，点击「**描边**」面板中的红色的框，可以转换箭头的方向。

Tip

鼠标左键点击「矩形工具」不放，就会出现
「椭圆工具」，鼠标点击。

Tip

需要准确设定对象的宽和高时，首先选定对
象，此时控制栏中会出现宽与高，可输入具
体的数据。点击宽与高之间的图标，可约束 /
解除约束宽与高的比例。

◆ 绘制圆形

1. 选择「椭圆工具」（ ），拖动鼠标，并按 Shift 键，绘制正
圆形，使大小约为"宽（W）20 mm"，先松开鼠标左键确认生成圆
形，再松开键盘按键。这时候，顶部控制栏可以看到圆形的宽、高。
调整数值为"20 mm"。在控制栏设置填充颜色为"CMKY 黄"，描边
颜色为"黑色"，描边粗细为"2 pt"。

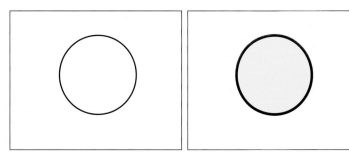

2. 同样的方法，拖动鼠标，并按 Shift 键，绘制正圆形，使大小
约为"宽 10 mm"。在控制栏设置填充颜色为"白色"，描边颜色为
"黑色"，描边粗细为"2 pt"。选择「选择工具」，按 Alt 键复制多一个
白色小球放在左边，再点击鼠标右键，选择「排列」>「置于底层」。

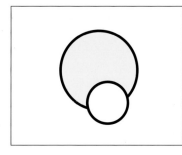
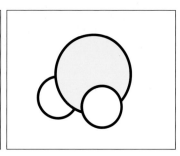

3. 选择「文字工具」，输入文字"S"，在控制栏字符处选择
"Arial"，设置字体大小为"14 pt"。选择「选择工具」，框选黄色圆形
与字母"S"，再点击黄色圆形，在控制栏中点击水平居中对齐，再
点击水平垂直对齐。同样的方法完成 H_2S 模型。在「选择工具」下框
选模型，拖动到适合的位置。

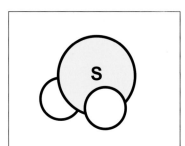
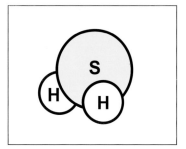

完成文字流程图。

实例三、图片流程图

双击打开素材「0203.ai」。

◆ 绘制抑制 & 促进符号

1. 选择「**螺旋线工具**」，在空白处由上至下拖拉一段螺旋线，使其大小约为"宽 4.2 mm"。按着鼠标左键不放，同时按键盘上的方向键上、下来调整螺旋线的长度，直至其轮廓像一只耳朵，松开鼠标左键。绘制出一段弧线，在控制栏选择描边颜色为"黑色"，默认条件下描边粗细为"1 pt"。在「**描边**」面板的箭头栏点击倒三角符号，选择"箭头 27"，缩放为"60%"，完成"抑制"符号。

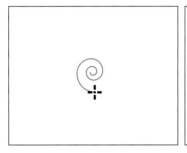

2. 选择「**选择工具**」，将"抑制"符号拖到橙色小球的上方，按鼠标右键，选择「**排列**」>「**置于底层**」。将光标放在"抑制"符号定界框的右上角，光标会变成一个双箭头的符号（↰），此时按着鼠标左键即可旋转"抑制"符号，将"抑制"符号旋转到合适的角度。

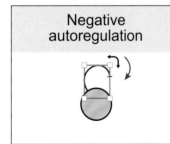
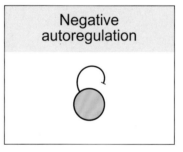

3. 按 Alt 键拖动鼠标（第 15 页的 Note 中有详细操作方法），复制"抑制"符号到旁边蓝色小球的上方合适的位置，点击右侧「**描边**」面板，将路径终点箭头修改为"箭头 5"，相应缩放修改为"40%"。

这样就可以快速地完成"促进"符号的绘制。

实例知识点

螺旋线工具的应用
椭圆工具的应用
剪刀工具的应用

最终效果图

Note

绘制螺旋线的时候，拖动的同时按向上或向下的方向键可以改变弧线弯曲的角度和方向。

Tip

鼠标点击「**直线段工具**」不放，就会出现「**螺旋线工具**」，鼠标点击。

／	直线段工具 (\\)
⌒	弧形工具
◎	螺旋线工具 ▶
▦	矩形网格工具
◉	极坐标网格工具

◆ 循环线路弧线的绘制

1. 选择「**椭圆工具**」（⬭），在黄色与蓝色小球之间，拖动鼠标，绘制一个扁长的椭圆形，大小约为"宽 13 mm、高（H）4 mm"。在控制栏处选择设置颜色"无"，描边颜色"黑色"，描边粗细"1 pt"。选择「**选择工具**」，按 Shift 键加选黄色和蓝色小球，点击控制栏中的（▦▾），选择对齐所选对象，点击水平居中分布，再点击一下黄色小球使其成为关键对象，然后点击垂直居中对齐。

2. 选择「**剪刀工具**」（✂），当把光标移动到椭圆的描边上，会出现荧光色的"路径"两个字。如下图右图所示，用「**剪刀工具**」分别点击红色圈圈处，每在椭圆路径上点击一次，即可以将路径切开，点击四次后，椭圆被分成四个部分。

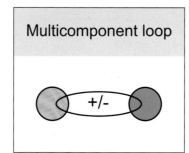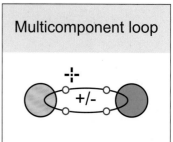

3. 选择「**选择工具**」，选择椭圆的左右两个部分，按 Delete 键将其删除掉，剩下两条弧线。选择上方的弧线，打开右侧的「**描边**」面板，将路径终点箭头修改为"箭头 21"，相应缩放修改为"30%"。再选择下方的弧线，设置相同的参数。完成图 C 多组分的循环通路图。

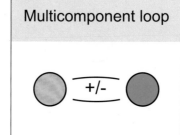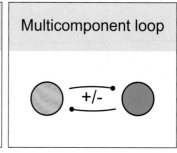

4. 绘制最终图 D，重复上面的步骤 1、步骤 2，首先绘制椭圆，对齐分布，再使用「**剪刀工具**」剪切椭圆，删去多余部分，添加箭头。注意箭头的选择与方向。

以此类推，完成图 E、图 F。

📝 *Note*

当觉得剪切的地方不满意，可以点击「**编辑**」>「**还原**」，返回到上一步；或是按快捷键 Ctrl+Z。

💡 *Tip*

鼠标点击「**橡皮擦工具**」不放，就会出现「**剪刀工具**」，鼠标点击。

实例四、局部放大示意图

双击打开素材「0204.ai」。

◆ 绘制放大框

1. 选择工具栏中的「**矩形工具**」（▣），在素材的右侧三个靠近的小球处拖出一个大小约为"宽 4.5 mm 、高 4 mm"的长方形，在控制栏处设置填充颜色"无"，描边颜色为灰色"C=0，M=0，Y=0，K=70"。选择「**选择工具**」，将光标放在矩形的描边上，点击鼠标选中矩形，将矩形拖动到刚好围住三个小球。

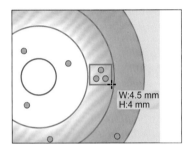
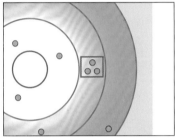

W:4.5 mm
H:4 mm

2. 保持灰色矩形选中的状态，双击工具栏中的「**比例缩放工具**」，出现比例缩放选框。在等比处输入"750%"，勾选预览。当勾选比例缩放描边和效果，在预览状态下会发现矩形的描边变粗。取消勾选比例缩放描边和效果，点击复制，就会出现大小两个矩形。

预览状态下，勾选比例缩放描边和效果。

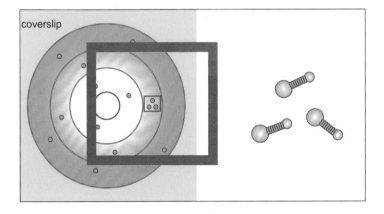

coverslip

实例知识点

等比例缩放
渐变的应用
虚线的绘制

最终效果图

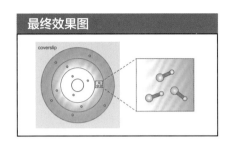

coverslip

💡 *Tip*

当对象只有描边颜色、没有填充颜色时，需选中描边才能将对象选中。

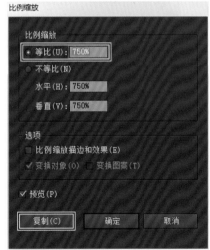

比例缩放

比例缩放
● 等比(U)：750%
○ 不等比(N)
水平(H)：750%
垂直(V)：750%

选项
☐ 比例缩放描边和效果(E)
✓ 变换对象(O)   变换图案(T)

✓ 预览(P)

[复制(C)]   [确定]   [取消]

预览状态下，取消勾选比例缩放描边和效果。

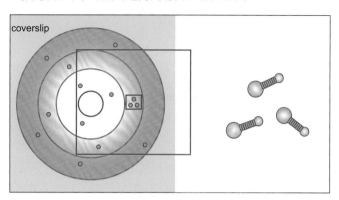

3. 此时大矩形是在选中的状态下，在控制栏中将其填充颜色改为"White to Pink"。选择「**选择工具**」，将大矩形移动到右边合适的位置，置于神经生长因子元素的下方。

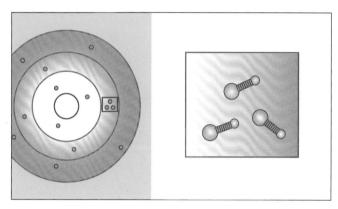

◆ 虚线的绘制

选择的「**直线段工具**」，将光标放在小矩形的右上角，当出现荧光的"锚点"二字时，拖动鼠标至大矩形的左上角，出现荧光的"锚点"二字时松开鼠标，确保直线段无填充颜色，其描边颜色为灰色"C=0，M=0，Y=0，K=70"，描边粗细为"1 pt"。打开「**描边**」面板，勾选虚线，将虚线长度设置为"4 pt"，间隙设置为"2 pt"。同样的方法绘制另外一条虚线，完成放大示意图的绘制。

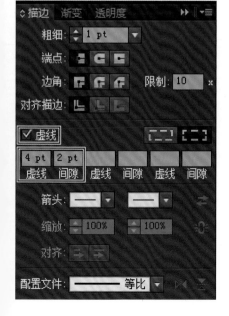

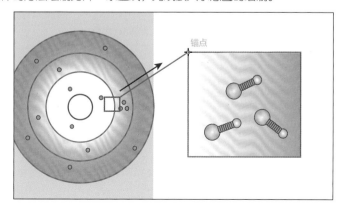

实例五、复杂通路图

双击打开素材「0205.ai」。

◆ 绘制通路图的基本形态

面对较复杂的通路图，要清楚文字表示的物质及其之间的关系，可以参考右边的图例，便可以开始进行操作。

利用直线段、矩形、圆角矩形、圆形或椭圆形等几何图形，便可以确定所有通路的基本形态。

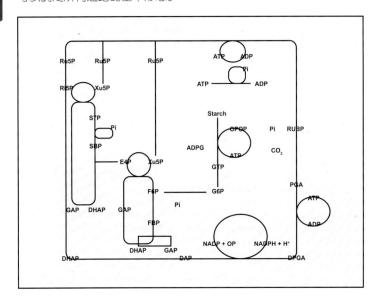

◆ 快速切断线段

当绘制完通路图的基本形态，就可以利用「剪刀工具」进行剪切。上一步如同将所有食材准备好放在砧板上，而这一步就可以对材料加工处理，保留重要的东西，剔除无用的东西。

每一次剪切完后，建议及时将多余的线段删除，避免处理的图形过多，而忘记已经剪切过的图形。按 Ctrl 键可以临时切换到「选择工具」，选择多余的线段，再按 Delete 键将这些线段删掉。

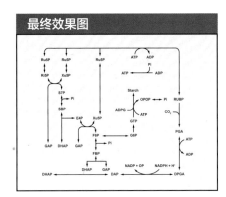
☼ Tip

当绘制圆角矩形的时候，不松开鼠标，按键盘上的向上或向下的方向键可以调整圆角的半径。

☼ Tip

可以将文字全部锁定，在选择文字上方线段的时候，就不会选中文字。

具体操作如下：选中其中一个文字，在菜单栏中点击「选择」>「对象」>「文本对象」，所有的文本将被选中，「对象」>「锁定」>「锁定所选对象」，即可以将文字锁定，不能对文字进行任何编辑。当需要解锁文字的时候，「对象」>「全部解锁即可」。

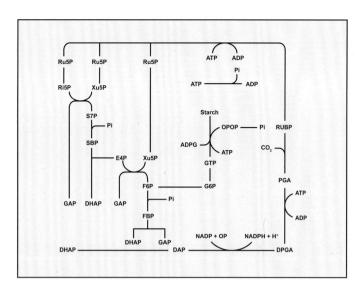

◆ 添加箭头

处理完所有的直线段与几何图形后，剩下的只有直线段与弧线。下面就要进行最后的装饰——添加箭头。

若通路是双箭头，可以通过按 Shift 键加选所有的双箭头线段。打开「描边」面板，设置路径起始箭头和终点箭头为"箭头 9"，在缩放一栏的右边点击图标，链接起始处与结束处箭头的缩放，设置起始箭头缩放为"50%"，可以看到结束处箭头缩放也为"50%"。在这些箭头都选中的状态下，点击鼠标右键，选择编组，方便对这些双箭头进行批量处理，可以尝试更换其他箭头与改变缩放的大小，查看另外的箭头效果。

若通路是单线，不知道路径起始或终点是哪一端，可以先在一端设置箭头效果。当箭头方向有误，点击箭头栏右边两个反方向的箭头图标（⇄），互换箭头起始处与结束处。

完成复杂通路图。

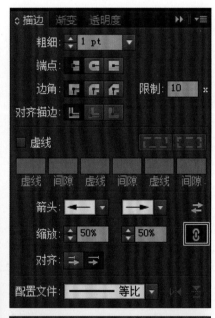

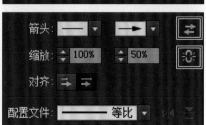

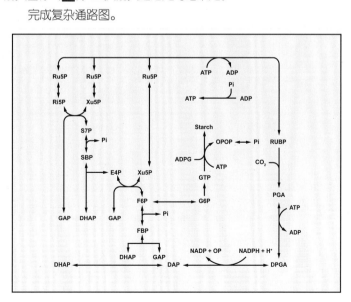

实例六、带有渐变箭头的通路图

双击打开素材「0206.ai」。

◆ 为箭头添加渐变

1. 首先绘制黑色描边的箭头，选择「**直线段工具**」，按着 Shift 键，在成纤维细胞的右边拖出一条长约为 "50 mm" 的直线段，先松开鼠标，后放开 Shift 键。在控制栏设置线段的填充颜色为 "无"，描边颜色为 "白色，黑色"，描边粗细为 "3 pt"。打开「**描边**」面板，设置路径结束箭头为 "箭头 9"，缩放为 "50%"。

最终效果图

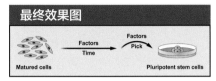

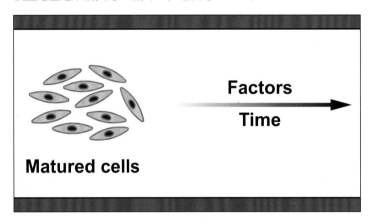

2. 打开右栏的「**渐变**」面板（■），点击描边色，使其成为活动状态。点击渐变色条上方 "菱形" 形状的滑块，按着鼠标左键左右拖动，可以控制渐变滑块左右两边颜色的所占的比例。下面的位置参数可以精确显示其位置，也可以输入参数。

向左拖动滑块，使其位置约为 15%，加重 "黑色" 色块的比例，使箭头的右边颜色加深。

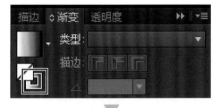

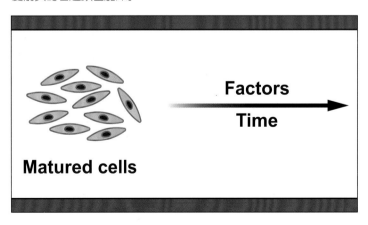

3. 将光标移动到渐变色条的下方，可以看到光标的下方出现 "+"，点击一下就能添加一个颜色色标，按着鼠标不放松拖动色标，可以调整色标的位置，同样，下方的位置可以显示设置的具体参数。

☀ **Tip**

若打开「**渐变**」面板，只看到渐变滑块，点击其右上角的菜单（▤），选择显示选项。

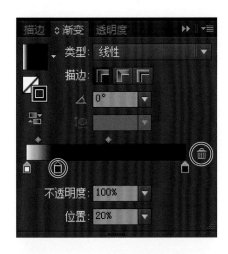

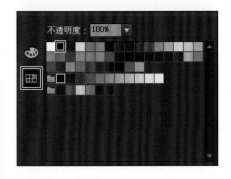

Note

色标在选择的状态下，点击渐变滑块右边的垃圾桶，就能把色块删除。或是按着色标不松开鼠标左键，向下拖动，同样可以删除色标。

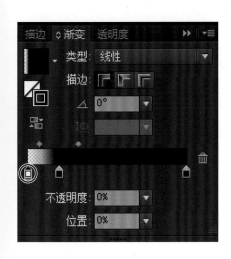

点击刚刚新建的色标使其成为选择状态，在位置输入参数"20%"，按 Enter 键。双击色标会出现一个新的面板，可以选择左栏颜色或色板调节色标的颜色。点击色板，选择"黑色"，鼠标点击面板外其他地方，即可退出面板。

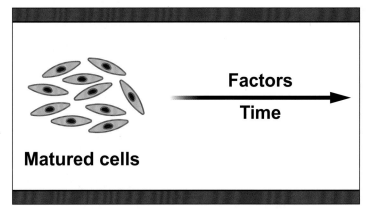

4. 选择「**选择工具**」，用鼠标框选插图的黑边边框，在控制栏设置填充颜色为灰色"C=0，M=0，Y=0，K=10"，此时看到箭头起始端明显的白色。有两种解决方法，第一种是将白色色标改为与背景色相同的颜色；第二种是设置色标的透明度，下面为操作方法。

方法一：选择箭头，打开「**渐变**」面板，点击渐变色条左边白色色标，选择工具栏中的「**吸管工具**」（ ），按着 Shift 键，光标点击一下背景处，色标的颜色变为与背景色一样。

方法二：同样使用「**吸管工具**」，使渐变色条左边白色色标变为黑色，设置不透明度为"0%"。

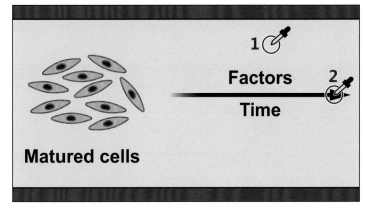

5. 自定义的渐变色板可以保存下来，在同一个文档中，新建的其他箭头可以运用上相同的渐变色板。点击渐变色板的左上角渐变方块缩略图右边的倒三角形，会出现文档中的所有渐变色板，点击左下角的添加到色板（ ），将色板保存下来。

点击右栏的「**色板**」面板（ ），可以看到色块的后面增加了刚刚新建的渐变色板，鼠标双击该色板，可以修改渐变色板的名称，输入"黑色渐变"。

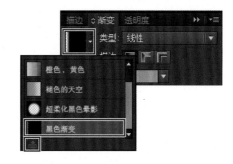

◆ 绘制弧线箭头

1. 绘制弧线，应用之前学习的知识用「椭圆工具」与「剪刀工具」的组合，便可以简单地绘制各种各样的弧线。另外，使用「弧形工具」可以更加快捷用来绘制弧线。

选择「弧形工具」，按着 Shift 键，在画板中向右上角拖动鼠标，使弧线的"宽 20 mm、高 20 mm"，先松开鼠标，后放开 Shift 键。选择「选择工具」，将鼠标放在弧线定界框的右上角，出现一个双箭头的符号，再次按着 Shift 键，按住鼠标向下拖动鼠标，使弧线顺时针旋转 45°。

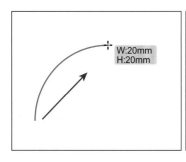

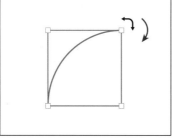

:☀: **Tip**

旋转对象时，按着 Shift 键不放松，可以使对象以 45° 为单位进行旋转。

2. 打开「描边」面板，将描边颜色设置为之前保存的渐变色板"黑色渐变"，再设置与之前箭头相同描边粗细、箭头类型及箭头缩放大小。另外，需要在「渐变」面板中选择沿描边应用渐变，可以让渐变的效果沿着弧线路径。

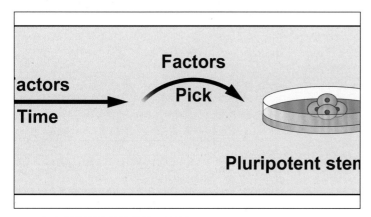

完成带有渐变的箭头的通路图。

Chapter 3
基因

实例一、基因元素

双击打开素材「0301.ai」。

◆ 元素对齐

1. 绘制若干矩形，可以用作表示基因。在左边的工具栏中选择「**矩形工具**」，在数字"1"下方空白处，拖出一个矩形，使其大小约为"宽 1.7 mm、高 3.5 mm"（留意十字光标旁的宽高数据），在控制栏设置填充颜色为"C=0，M=35，Y=85，K=10"，描边颜色为"黑色"，描边粗细为"0.75 pt"。

2. 选择工具栏中的「**选择工具**」，利用 Alt 键快速复制多一个矩形（相关知识可回看第 15 页），在控制栏设置填充颜色为"CMYK 红"。将光标移到新绘制的矩形边框右侧正中间，即白色的小方框处，此时光标会变成横向指向的双箭头，按着鼠标左键再向右拖动，增加矩形的宽度，使其宽度约为"8.4 mm"。

实例知识点

元素对齐
元素排列
绘制箭头

最终效果图

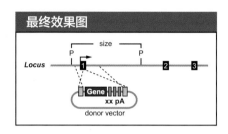

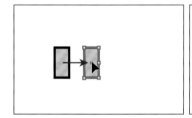 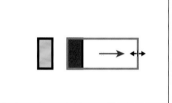

3. 如步骤 2 同样的操作，绘制三个填充颜色为"CMYK 绿"、宽度约为"1 mm"的小矩形，再复制一个橙黄色的矩形。鼠标框选六个矩形，再点击第一个橙黄色矩形，此时第一个橙黄色矩形四周有一圈蓝色边框，使其成为对齐的关键对象。（相关知识可回看第 16 页）

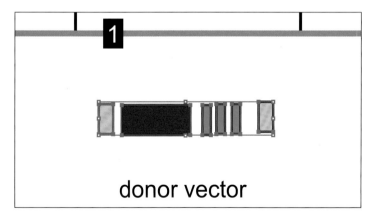

donor vector

4. 点击菜单栏中「**窗口**」>「**对齐**」，打开「**对齐**」面板，在分布间距栏，设置参数为"0.8 mm"，再点击水平分布间距（ ），使得每个矩形之间的水平间距均为 0.8 mm。在对齐对象栏，点击垂直顶对齐（ ），使得所有矩形水平对齐。

💡 *Tip*

若「**对齐**」面板没有显示分布间距，在菜单中点击显示选项。（相关知识可回看第 9 页）

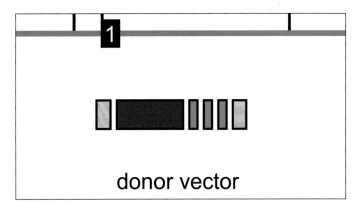

◆ 添加文字

Tip

将光标移到下方文字"donor"单词中间，双击鼠标，可将"donor"单词选上；若是鼠标三次点击，会发现可以将"donor vector"全选上。

鼠标三次点击文字部分，可以将整个文字段落选择上，方便处理大段的文字。

1. 选择工具栏中的「**文字工具**」，在绿色矩形下方空白处点击鼠标一下，输入文字"xx pA"，在控制栏字符处输入"Arial"，选择字体样式为"Bold"，设置字体大小为"8 pt"。选择工具栏中的「**选择工具**」，将文字拖动到三个绿色矩形的正下方。

2. 按着 Alt 键，快速复制文字"xx pA"。在「**选择工具**」状态下，鼠标双击文字部分，可切换到「**文字工具**」。鼠标三次点击文字部分，可将文字段落全部选上，输入"Gene"，在控制栏设置文字颜色为"白色"。

鼠标三次点击文字"xx pA"的效果，将其文字全选。

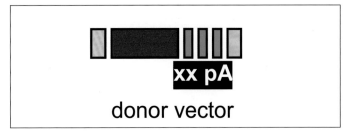

3. 选择工具栏中的「**选择工具**」，将文字"Gene"拖动到红色矩形的中间。在文字"Gene"选择的状态下，按 Shift 键，鼠标点击红色矩形加选，此时文字与红色矩形在选择的状态下。放开 Shift 键，鼠标点击红色矩形，将其设置为关键对象。在控制栏处分别点击水平居中对齐、垂直居中对齐。

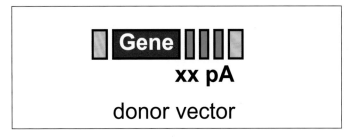

此时会发现文字"Gene"靠近矩形的上方，鼠标点击空白处取消选择，再选择文字"Gene"，按一下键盘的向下箭头方向键，微调文字的位置。

◆ 利用效果绘制圆角矩形

利用工具栏中的「圆角矩形工具」，可以绘制圆角矩形。下面的操作中将采用新的方法来绘制圆角矩形。

1. 在「选择工具」状态下，鼠标框选所有矩形与文字"Gene"，使其全部选中，点击鼠标右键，出现快捷菜单选项，选择编组。矩形与文字"Gene"将作为一个组，点击其中一处，即选中全部对象。

2. 选择工具栏中的「矩形工具」，将光标放在第一个橙黄色矩形的左边中间处，若出现一条荧光色的线从十字光标到矩形的中心，说明绘制的矩形的上边框将穿过矩形的水平中线。拖动鼠标，绘制一个大小约为"宽 26 mm、高 6 mm"的矩形。在控制栏设置填充颜色为灰色"无"，描边颜色为灰色"C=0，M=0，Y=0，K=50"，描边粗细为"2 pt"。

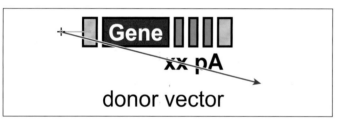

3. 切换到「选择工具」，按 Shift 键加选矩形文字组，再点击矩形文字组，使其作为对齐的关键对象，在控制栏中点击水平居中对齐，大矩形水平居中对齐矩形文字组。按 Shift 键点击矩形文字组，即可以取消选择该对象，大矩形仍处于选中状态。

4. 在菜单栏中选择「效果」>「风格化」(Illustrator 效果)>「圆角」，保留其默认半径，勾选预览，查看实际的效果，如果不合适，则修改数值，取消勾选再点击勾选，令新数值生效，直至效果合适，再点击确定。点击鼠标右键，出现一快捷菜单选项，选择「排列」>「置于底层」，使圆角矩形在矩形文字组成的下方。

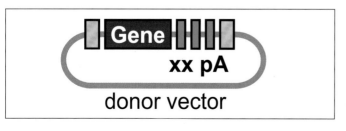

◆ 添加虚线

选择工具栏中的「直线段工具」，拖动鼠标绘制四条直线段。切换到「选择工具」，框选绘制的四条直线段，在控制栏中设置线段的填充颜色为"无"，描边颜色为"黑色"，描边粗细为"0.75 pt"。打开「描边」面板，勾选虚线，将虚线长度设置为"2 pt"，默认情况下，间隙长度为"2 pt"。

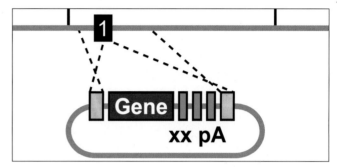

◆ 添加折线箭头

在前面的教程中，利用「矩形工具」系列工具，配合「剪刀工具」来绘制各式各样的折线与弧线。本次的教程中将学习新的工具，可以更快捷地绘制不同形态的路径，下面从简单的折线开始学起。

1. 选择工具栏中的「钢笔工具」（），将钢笔形状的光标移动到含有数字"1"的黑色矩形的左上角。当出现荧光"锚点"二字，点击鼠标，折线的起始端点落在黑色矩形的左上角的锚点上。按着 Shift 键，光标向上移动"D:1.7 mm"（智能参考线会自动提示移动距离："D:1.7 mm"），点击鼠标左键一下，该锚点即与第一个锚点连接成一直线段。继续按着 Shift 键不放，光标向右移动"D: 4.6 mm"，再点击一下鼠标，该锚点与上一个锚点也会连接起来，此时可以松开 Shift 键，完成折线的绘制。

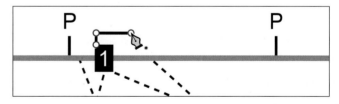

2. 打开「描边」面板，设置路径结束箭头为"箭头 9"，缩放为"60%"。

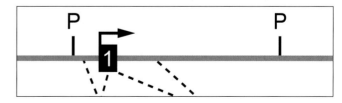

完成简单基因结构图。

Note

使用「钢笔工具」时，按着 Shift 键，在绘制新的锚点时只会落在 45° 的方向上。不按着 Shift 键，可以随意控制锚点的位置。

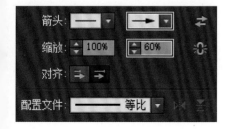

实例二、基因结构

双击打开素材「0302.ai」。

实例知识点

渐变工具的应用
钢笔工具的应用
文字段落的对齐

◆ 带有渐变效果的基因结构图

在"实例一、基因元素"教程中，我们知道可以用矩形来表示基因。除了使用纯色块的"基因"，还可以为"基因"添加渐变效果，产生更多绚丽多彩的"基因"。

1. 选择工具栏中的「矩形工具」，"十字"光标在画板的左上方点击一下，会出现一个矩形选框。在宽度输入参数"8.5"，高度输入参数"5.5"，点击确定。画布中就会出现一个大小准确为"宽8.5 mm、高5.5 mm"矩形。

2. 矩形默认状态下为白色填充黑色描边，调整描边粗细为"0.75 pt"。打开「渐变」面板（也可以从「窗口」>「渐变」中打开，快捷键为 Ctrl + F9）。如本页的「渐变」面板截图所示，下一步将设置"橙色，白色，橙色"渐变。

3. 关键步骤有二：第一，选择右侧的类型为线性；第二设置渐变色条。矩形当前填充色为白色，鼠标左键点击「渐变」面板中渐变色条的任意位置，则矩形填充颜色与渐变色条颜色同步。改变滑块颜色：双击滑块，设置为橙色。移动滑块：鼠标左键按着滑块不放，拖动。新增滑块：渐变色条下方、没有滑块的地方，鼠标左键点击即可创建。最后完成"橙色，白色，橙色"渐变。

最终效果图

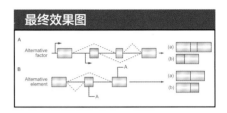

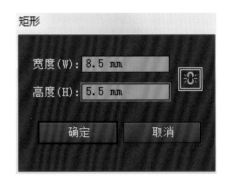

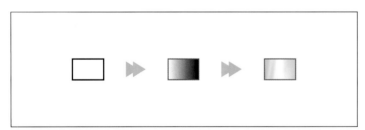

在工具中也有一个「渐变工具」（■），应用该工具同样可以改变滑块的颜色、不透明度、位置等。同时，「渐变工具」随意调节渐变滑条的角度、位置与长度等。

4. 确保矩形在选中的状态下，选择工具栏中的「渐变工具」，此时会看到一条水平滑竿在矩形上，滑竿一端为圆圈，另一端为方块。圆圈一端对应「渐变」面板中滑块的左边，另一端则对应滑块的右边。当把十字光标移动到滑竿上，即会出现如同「渐变」面板上的渐变滑条与滑块的渐变批注者。同样，鼠标点击滑块可以改变其位置，双击滑块可以改变其颜色。按着 Shift 键将光标放在矩形的上边框，点击拖动到下边框，先放开鼠标后放开 Shift 键，矩形的渐

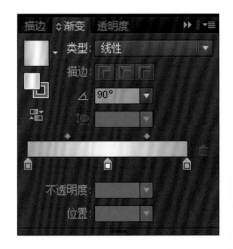

💡 **Tip**

选择「渐变工具」后若没有显示滑竿，点击菜单栏中「视图」>「显示渐变批注者」。

变效果则从上到下为"橙色，白色，橙色"渐变。

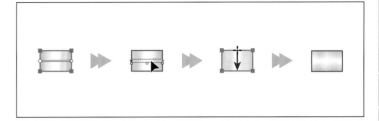

重复上面步骤 1~4，分别绘制渐变颜色为"蓝色，白色，蓝色"的基因与"绿色，白色，绿色"的基因，可以参考下面的参数。

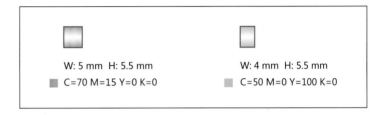

W: 5 mm H: 5.5 mm
■ C=70 M=15 Y=0 K=0

W: 4 mm H: 5.5 mm
■ C=50 M=0 Y=100 K=0

◆ 绘制折线

1. 利用 Alt 键快速复制一个"橙色，白色，橙色"渐变的矩形，将这四个矩形按图例顺序排放好，彼此之间的距离相当。

2. 选择工具栏中的「**钢笔工具**」，利用智能参考线，将钢笔光标放置在第一个矩形的左边的正中间，点击鼠标建立起始锚点。按 Shift 键将光标移动到最右边的矩形上点击一下，后松开 Shift 键，绘制完成一段直线段。按着 Ctrl 键不放，临时切换到「**选择工具**」，鼠标点击一下直线段后放开 Ctrl 键，在状态栏上就会出现颜色的选项。设置填充颜色为"无"，描边颜色为灰色"C=0，M=0，Y=0，K=70"，描边粗细为"0.75 pt"。在直线段选择的状态下，点击鼠标右键，在快捷菜单选项中选择「**排列**」>「**置于底层**」，使直线段在矩形的下方，将这四个"基因"连接起来。

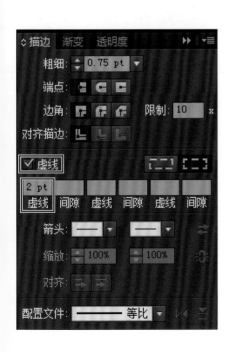

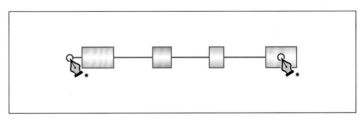

3. 此时工具仍然为「**钢笔工具**」，将钢笔光标放在第一个矩形的右边与直线段的交界，鼠标处点击一下建立第一个锚点，在蓝色渐变矩形的正上方建立第二个锚点，最后在绿色渐变矩形的左边与直线段的交界处点击一下，连成一段折线。设置与上面直线段相同的参数。打开「**描边**」面板，勾选虚线，设置虚线长度为"2 pt"，间隙的长度也默认为"2 pt"。绘制完成虚线折线，表示将第一个"基因"与第三个"基因"连接起来。重复上面的步骤，完成剩下的"基因"连接。

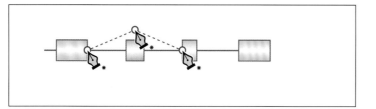

4. 同样利用「钢笔工具」绘制折线箭头，表示基因的可变剪接调控，完成图 A 与图 B 的基因连接（skipping junction）示意图。

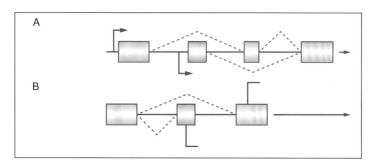

◆ 添加文字

插图中含有文字段落，通过「字符」与「段落」面板的设置，可以对文字进行修饰与文字排版。

1. 选择工具栏中的「文字工具」，在橙色渐变矩形的左边点击一下，输入"Alternative"，按 Enter 键换行输入"factor"，此时两行文字左对齐。切换到「选择工具」，在控制栏设置填充颜色为灰色"C=0，M=0，Y=0，K=70"，在「字符」设置字体为"Arial"，字体大小为"8 pt"，在「段落」设置为右对齐，按着鼠标左键拖动文字段落到合适的位置。

2. 继续添加其他的文字部分，完成插图的绘制。

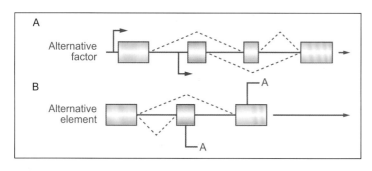

Tip

可以绘制完所有的折线路径与箭头路径，分别全选上再设置描边效果。

按上面的提示操作会发现，使用「钢笔工具」的时候，若不作其他操作，新建立的锚点会一直与上一个锚点连接起来。

若想结束一段路径，需要切换到其他的工具，再选择「钢笔工具」重新开始绘制新的路径。也可以利用 Ctrl 键临时切换到「选择工具」，鼠标点击画板空白处，松开 Ctrl 键后，又切换回「钢笔工具」，新建立的锚点就不会与上一个锚点连接起来。

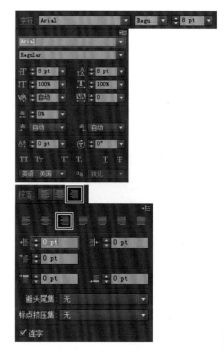

实例三、基因结构的放大

双击打开素材「0303.ai」。

◆ 绘制放大的基因结构

在前面的教程中，我们学习了基因的绘制，主要从基因的色彩搭配入手。在这次的教程中，我们会更注重插图的展示方式与布局，下面将学习如何表现放大基因结构。

1. 选择工具栏中的「**钢笔工具**」，将钢笔光标放在蓝色"基因"左边的正下方的空白处，鼠标点击建立第一个锚点。按着键盘上的 Shift 不放，将钢笔光标向下移动约"1.2 mm"，鼠标点击建立第二个锚点，松开 Shift 键。在左下角折线箭头的上方点击鼠标建立第三个锚点，完成放大边框的一边。

选择工具栏中的「**选择工具**」，在控制栏处设置填充颜色为"无"，描边颜色为灰色"C=0，M=0，Y=0，K=70"，描边粗细为"0.75 pt"。

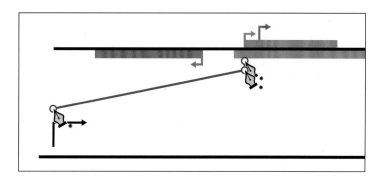

2. 若继续应用「**钢笔工具**」，按照步骤 1 的方法可以完成放大边框的另外一边。下面将学习新的操作方法，可以得到同样的效果。

确保左边放大框在选择的状态下，点击鼠标右键，在出现的快捷菜单中选择「**变换**」>「**对称**」，弹出镜像选框。在默认情况下，选择的对称轴方向为垂直，勾选预览查看变换的效果，点击复制，得到另外一边的放大边框，原来的放大边框依然保留下来。若是点击确定，只会得到轴对称的对象，原来的放大边框不会保留下来。

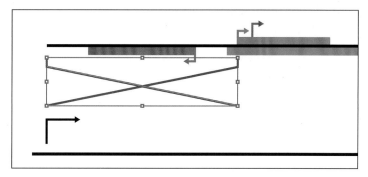

实例知识点

钢笔工具的应用
直接选择工具的应用
透明度的应用

最终效果图

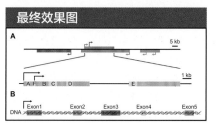

镜像

3. 在「**选择工具**」状态下，利用 Shift 键水平向右移动复制的放大边框，使其左边对齐蓝色"基因"的右边框。

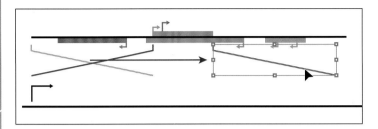

4. 选择工具栏中的「**直接选择工具**」，点击右边放大框的右下角锚点，向右拖动该锚点，同时按着 Shift 键，使该锚点对齐右边边缘。

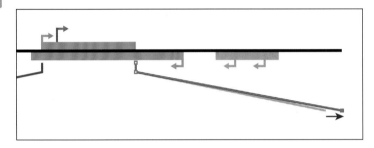

💡 *Tip*

学会应用快捷键并搭配工具，快速绘制性质相似的对象，如按着 Alt 键快速复制，应用「**选择工具**」进行缩放变形，应用「**吸管工具**」可以吸取外观与样式。

◆ 添加比例尺

在插图中若有局部放大示意图，并且有明确的比例尺寸，可以标明出来，一般由单位直线段与单位刻度表示。

根据前面学习的知识，添加比例尺、基因与表示转录开始的箭头，完成下图。

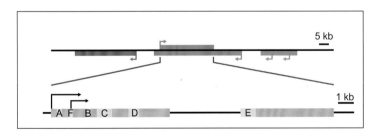

◆ 添加透明度

在 DNA 上面添加矩形，还可以表示基因中的外显子。但是会出现一个问题，绘制的矩形会挡住下面的 DNA，使得插图并不美观。在 AI 中可以设置对象透明度，利用这个属性，通过对矩形设置一定的透明度，DNA 就不会被遮挡。

1. 选择工具栏中的「**矩形工具**」，在靠近 DNA 的左端创建一个大小约为"宽 6 mm、高 2 mm"的矩形，点击控制栏处填充颜色，在色板选框里找到颜色组 1，设置矩形的填充颜色为第一个色块"蓝色"，描边颜色为"无"。切换到「**选择工具**」，框选 DNA 与矩形，再点击 DNA 将其设置为对齐的关键对象，在控制栏中点击垂直居中对齐。鼠标点击空白处取消选择，此时矩形的下方的 DNA 被挡住。

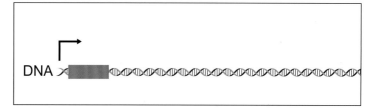

2. 选择矩形，在控制栏中的「**不透明度**」，可以输入数字设置不透明度，也可以点击倒三角形，在出现的选框中选择整数级的不透明度。将矩形的不透明度设置为"80%"，此时会看到矩形下方的 DNA。

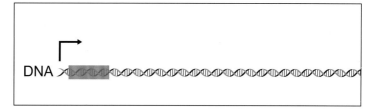

3. 鼠标点击控制栏中的「**不透明度**」，会弹出「**透明度**」面板，相当于点击右栏的透明度（⊙）。默认情况下，对象的混合模式为「**正常**」，选择「**混合模式**」为「**正片叠底**」。此时，矩形下方的 DNA 更清楚地显示出来，同时又有 DNA 被挡在下方的感觉，混合模式使得矩形与 DNA 的叠加更为融洽。

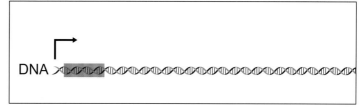

重复上面的步骤 1~3，添加其他的"外显子"矩形，并添加文字，完成最终效果图 B。

📝 **Note**

混合模式可以用不同的方法将对象颜色与底层对象的颜色混合。

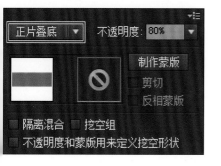

实例四、内含子

双击打开素材「0304.ai」。

◆ 绘制变形效果

在本次的教程中将会探讨外显子的绘制与其在 DNA 转录过程中的具体表现。

1. 选择工具栏中的「**选择工具**」，利用 Alt 键快速复制一份"内含子"（红色渐变矩形），将其拖动到"外显子"（蓝色渐变矩形）间隔处的下方。

实例知识点

变形效果的应用

最终效果图

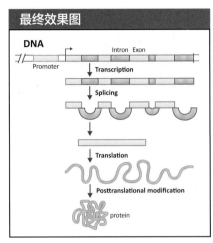

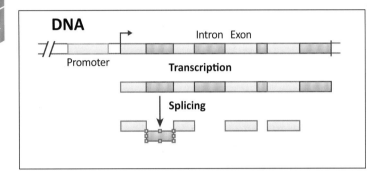

2. 确保复制出来的"内含子"在选择的状态下，点击菜单栏中「**效果**」>「**变形**」>「**弧形**」，弹出变形选项框，勾选预览，在画板中会看到"内含子"向上弯曲。拖动弯曲处的滑块，便可以预览"内含子"的变化，将滑块拖动至最左边，即设置其参数为"−100%"，矩形向下弯曲达到最大值。其他参数保持不变，点击确定。

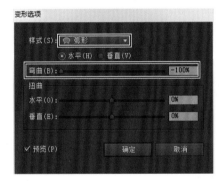

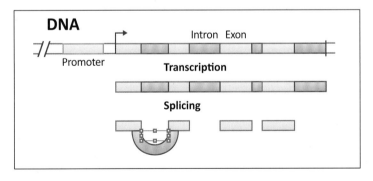

可以看到应用效果后的"内含子"的定界框没有改变，定界框并不包括弯曲的弧形。应用的效果就如同为矩形穿上一件"衣服"，我们看到的是外观，其本体为一个矩形。值得注意的是，当需要选定这个弯曲的"内含子"，鼠标点击或框选到"衣服"或本体，就可以把这个内含子选定。若需要调整"衣服"的形态，不能再点击菜单栏中「**效果**」>「**变形**」>「**弧形**」，此时会弹出一个警告框。点击应用新效果，会发现设置的效果是在弯曲的矩形上会再次进行弯曲。

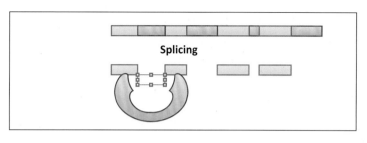

这时应该点击警告框的取消。警告框告诉我们需要编辑当前的效果，需在右栏的「外观」面板中双击该效果的名称，在弹出的面板中设置参数。另外，点击「变形：弧形」左边的眼睛，可以暂时将该效果隐藏，若没有应用其他效果，可以看到画板的对象的本体。

3. 鼠标双击工具栏中的「比例缩放工具」，在弹出的选框中确保去掉勾选比例缩放描边与效果。切换到「选择工具」，选择弯曲的"内含子"，光标放在矩形的右边框中间的小方框上，当出现水平的双箭头时，按着 Alt 键不放，鼠标往矩形的几何中心适当拖动，会发现左边框也同时向矩形的几何中心靠拢，当觉得"内含子"的效果合适时。先放开鼠标后松开 Alt 键。宽度缩小后的矩形，其描边与弧形弯曲的效果没有变化。

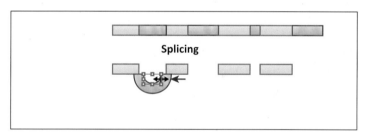

4. 重复上面的步骤，绘制其他在拼接过程中需要去除的"内含子"。根据前面学习的知识，同时补充从 DNA 转录到蛋白质形成的指向箭头，可以选择自己喜欢的描边颜色与箭头类型，完成插图的绘制。

实例五、染色体 & 基因

双击打开素材「0305.ai」。

◆ 绘制染色体

一条染色体可以用两个首尾相连的圆角矩形表示，绘制圆角矩形可以直接使用「圆角矩形工具」直接绘制，也可以使用「矩形工具」先绘制矩形，再应用圆角效果。下面将使用这两种方法来绘制一条染色体，可以对比两种方法的应用。

方法一：使用「圆角矩形工具」绘制染色体

1. 选择工具栏中的「圆角矩形工具」，在画板中按着鼠标不放拖拉出一个大小约为"宽 3 mm、高 15 mm"的圆角矩形，按键盘上的向上箭头，直至圆角半径不能再增加，松开鼠标左键。在控制栏设置填充颜色为"无"，描边颜色为灰色"C=0，M=0，Y=0，K=90"，描边粗细为"0.75 pt"。

2. 利用智能参考线，将光标移动到圆角矩形左下角，会出现荧光色"交叉"二字与两条荧光色的直线段，此时按着鼠标左键向右下方拖动，使绘制的圆角矩形高约为"25 mm"。同样利用只能参考线，对齐上方圆角矩形的右边框，对齐时会出现一条荧光色的直线段。松开鼠标左键，完成染色体轮廓的绘制。

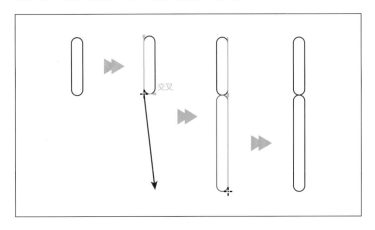

方法二：使用「矩形工具」加圆角效果绘制染色体

1. 选择工具栏中的「矩形工具」，在画板中绘制一个大小约为"宽 3 mm、高 15 mm"的矩形。在控制栏设置填充颜色为"无"，描边颜色为灰色"C=0，M=0，Y=0，K=90"，描边粗细为"0.75 pt"。

2. 在菜单中选择「效果」>「风格化」（Illustrator 效果）>「圆角」，勾选预览查看效果，使圆角半径大小约为矩形宽的一半，点击确定。

3. 切换到「选择工具」，点击圆角矩形并向下拖动，同时按着

实例知识点

圆角矩形的绘制
参考颜色面板的应用
重新着色图稿

最终效果图

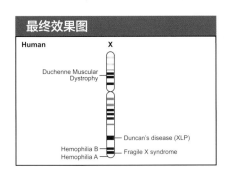

💡 *Tip*

长按「矩形工具」，在出现的隐藏工具中选择「圆角矩形工具」，鼠标在画板中点击即可设置圆角矩形的具体宽高与圆角半径。

利用智能参考线，可以帮助我们对齐文本和图形对象，相当于临时对齐参考线。将鼠标移动到对象上，会出现中心点、锚点等提示；绘制图形时，会显现荧光色直线段辅助对齐，方便作图。需要注意，当勾选了「视图」>「对齐网格」或「像素预览」选项，则无法使用智能参考线。

Alt+Shift 键，使新复制出来的圆角矩形的上端与原来的圆角矩形的下端相紧靠，先松开鼠标，再松开键盘按键。

4. 将光标放到下方的圆角矩形底边的小方框上，出现一个垂直方向的双箭头时，点击鼠标向下拖动使圆角矩形的高约为"25 mm"，完成染色体轮廓的绘制。

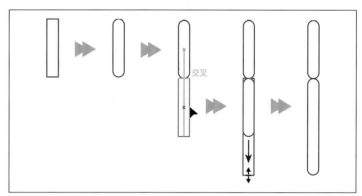

◆ 绘制基因

绘制染色体上的基因，可以使用粗细不一的矩形"条带"表示不同的基因。

1. 选择方法一或方法二绘制的染色体轮廓，使用「**矩形工具**」绘制若干与圆角矩形等宽的矩形"条带"，设置全部矩形的填充颜色为"黑色"，描边颜色为"无"。绘制完成所有的"基因"后，可以使用「**选择工具**」，对个别的矩形"条带"进行缩放调整。再使用「**直线段工具**」与「**文字工具**」，添加相应的文字标注。

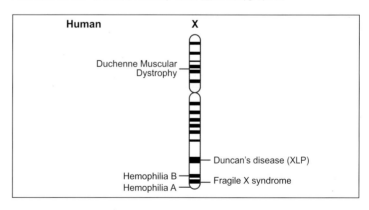

2. 绘制完染色体上的基因，我们还可以进一步为基因填充颜色，使得插图更加美观，下面将介绍一种方法快速为基因填充深浅不一的颜色。

选择工具栏中的「**选择工具**」，选定其中的一个矩形"条带"，在控制栏中设置填充颜色为深紫色"C=100，M=100，Y=25，K=25"。打开右栏的「**颜色参考**」面板（▨▨），点击右上角的倒三角形，在

「协调规则」里选择「单色 2」，会出现五行从暗色到淡色颜色条，中间一列的五个颜色对应上方协调规则里的五个单色。

选择染色体上的其他矩形"条带"，点击颜色参考里的颜色，即可为这个矩形填充上颜色。逐一为其他的黑色矩形"条带"添加上深浅不一的紫色。

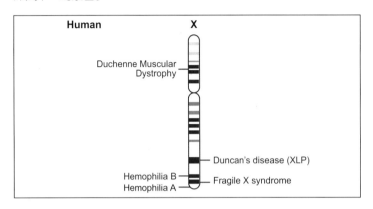

延伸知识：快速重新着色图稿

使用「选择工具」选择所有的矩形"条带"，点击鼠标右键选择编组，使所有的"基因"成为一个组，方便选择编辑。在「颜色参考」面板点击右下角的「编辑颜色」按钮（◉），弹出「重新着色图稿」面板，选择「编辑」状态，点击链接协调颜色。

拖动色轮上最大的圈，可以整体调节颜色，拖动色轮下方的滑条还可以调节亮度。

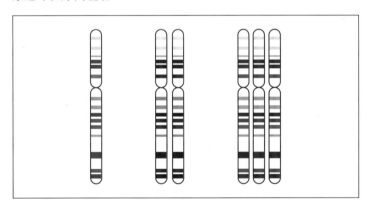

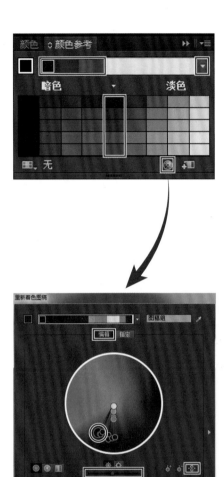

实例六、质粒

双击打开素材「0306.ai」。

◆ 绘制质粒载体

质粒载体上的基因、启动子带有方向性，并且质粒含有多个酶切位点，通过「描边」面板里箭头与「直线段工具」，结合其他工具与面板里的功能，能迅速地绘制一个完整的质粒载体。

1. 选择工具栏中的「椭圆工具」，按着 Shift 键，光标在画板中绘制一个半径约为"40 mm"正圆。在控制栏中设置正圆的填充颜色为"无"，描边颜色为"黑色"，描边粗细为"1.5 pt"。在正圆选择的状态下，点击菜单栏中「编辑」>「复制」，再选择「编辑」>「粘贴」在前面。在控制栏中编辑正圆的描边颜色为"CMYK 红"，描边粗细为"4.5 pt"。

此时，画板上有两个正圆，黑色与红色，红色正圆在上面，挡住了下面的黑色正圆。切换到「选择工具」，拖动红色正圆，就会露出黑色正圆，点击菜单栏中「编辑」>「还原移动」，撤回到上一步。

实例知识点

剪刀工具的应用
路径查找器的应用
扩展与扩展外观

最终效果图

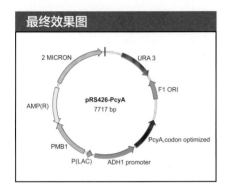

💡 **Tip**

善于使用键盘快捷键，会使操作更快捷。
复制：Crtl+C
粘贴：Crtl+V
粘贴在前面：Crtl+F
粘贴在后面：Crtl+B
还原（还原回到上一步）：Crtl+Z

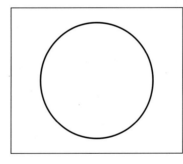
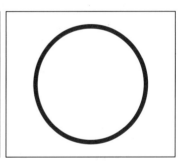

2. 选择工具栏中的「剪刀工具」，当光标移动到正圆的描边上，会出现荧光色的"路径"或"锚点"，此时点击鼠标便可以将正圆的描边断开。若光标没有落在正圆的描边，点击鼠标会弹出警告框。应用「剪刀工具」在正圆的描边上相应的位置点击鼠标，将正圆切断为一根根弧线，对断开的位点不满意，可以按快捷键 Crtl+Z 还原到上一步，再进行剪断。

再切换到「选择工具」，将多余的弧线选中，选中的弧线会出现定界框，按 Delete 键删除，此时露出下方的黑色正圆的边。如果不小心将有用的弧线删掉，可以按快捷键 Crtl+Z 还原到上一步。

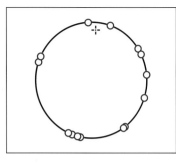
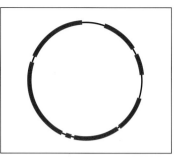

3. 使用「选择工具」框选画板上的所有对象，按着 Shift 键，鼠标点击黑色正圆，取消选择黑色正圆，放开 Shift 键。打开右栏「描边」面板，选择"箭头 8"，设置箭头缩放为"16%"。

鼠标点击空白处取消选择弧线箭头，按着 Shift 键，鼠标点击加选需要改变方向的弧线，点击箭头栏右边的两个反方向的箭头图标（⇄），弧线的箭头指向即掉转。

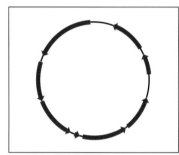
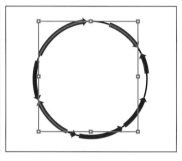

4. 再次选择所有的弧线箭头，然后点击菜单栏中「对象」>「扩展」>「外观」，此时弧线的箭头变成一个实在的对象，为红色填充的三角形。再点击菜单栏中「对象」>「扩展」，在弹出的扩展选框里去掉勾选填充，点击确定，原本的弧线段被扩展为红色填充的弧线长条。

此时，箭头与弧线都已经被扩展为图形，两个独立的对象，并没有联集起来。我们希望得到的是弧线与箭头为一个整体，可以添加填充颜色与描边颜色。下面我们将使用到一个新面板里的功能，这是一个十分实用的面板。

在所有的弧线箭头选择的状态下，点击菜单栏中「窗口」>「路径查找器」，打开「路径查找器」面板，在形式模式中选择第一个模式「联集」，箭头与弧线长条将合并为一个整体。

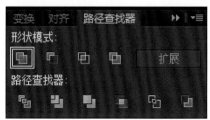

💡 *Tip*

按快捷键 Shift+Ctrl+F9，可以快速打开「路径查找器」。

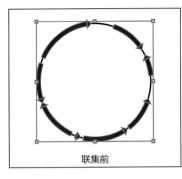

联集前   联集后

5. 这时候，所有弧线箭头为一个组，在控制栏设置整体的描边颜色为灰色"C=0，M=0，Y=0，K=70"，鼠标点击橙色"描边"二字，在弹出的面板中设置描边粗细为"0.5 pt"，选择圆头端点与圆角连接，使弧线箭头描边的端点与边角变得圆滑。点击鼠标右键，在弹出的快捷菜单中选择取消编组。取消编组后，每个弧线箭头作为一个独立的箭头存在，选择弧线箭头，在控制栏设置填充不同的颜色。

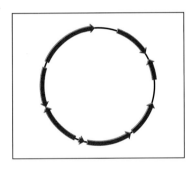

6. 选择黑色正圆，点击菜单栏中「对象」>「路径」>「轮廓化描边」，相当于将正圆路径扩展描边，黑色描边的圆变为黑色填充的圆环。在控制栏设置填充颜色为"淡黄色"，描边颜色为灰色"C=0，M=0，Y=0，K=50"，描边粗细为"0.25 pt"。

使用「直线段工具」绘制酶切位点，使用「文字工具」添加相应的文字，完成质粒载体的绘制。

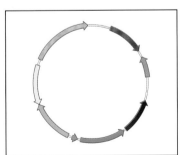
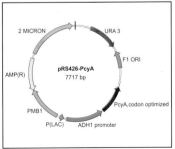

壁虎博士

Congratulation！

Chapter 4
蛋白质

实例一、内吞作用

双击打开素材「0401.ai」。

◆ 绘制囊泡

细胞的内吞作用可以使用简单的几何图形来表示，结合「路径查找器」面板的应用，形成不同形态的复杂图形。下面将学习「路径查找器」绘制囊泡。

1. 选择工具栏中的「**椭圆工具**」，按着 Shift 键不放，鼠标在画板中拖出一个大小约为"宽 3.3 mm、高 3.3 mm"的正圆。在控制栏设置填充颜色为"浅绿色"，描边颜色为"深绿色"，描边粗细为"0.75 pt"，完成小囊泡的绘制。

2. 选择工具栏中的「**直线段工具**」，将光标放在"囊泡"描边的上方，会出现荧光色的"锚点"二字，此时按着 Shift 键不放，鼠标向上拖动，绘制一根高约为"1.5 mm"的直线段，在控制栏设置填充颜色为"无"，描边颜色为"亮绿色"，描边粗细为"1 pt"，描边端点为"圆头端点"，完成囊泡膜上的功能蛋白，将小囊泡置于顶层。

按照上面的步骤，绘制两种不同类型的囊泡，其中功能异常蛋白的描边颜色为"亮紫色"，在画板的右上角添加上蛋白的标注。

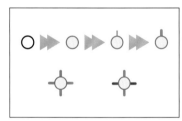
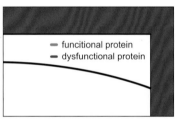

3. 使用「**选择工具**」，利用 Alt 键快速复制一份，再选择上方的"蛋白"，按 Delete 键将其删掉。

选择工具栏中的「**矩形工具**」，在"囊泡"的上方绘制一个大小约为"宽 1 mm、高 2.5 mm"的矩形。切换为「**选择工具**」，移动矩形使其下方与圆有交集。按着 Shift 键加选"囊泡"，再点击"囊泡"使其成为对齐的关键对象，在控制栏设置水平居中对齐。打开「**路径查找器**」面板，在形状模式中选择联集，矩形与囊泡将合并为一个整体，在控制栏设置填充颜色为"白色"，点击"描边"二字，在出现的「**描边**」面板中设置边角为"圆角连接"。

选择工具栏中的「**直接选择工具**」，框选矩形的上边框，按 Delete 键删除。切换到「**选择工具**」，框选整体，鼠标右键对其进行编辑，移动到膜上。

实例知识点

路径查找器的应用
内发光效果的应用
使用钢笔工具绘制弧线

最终效果图

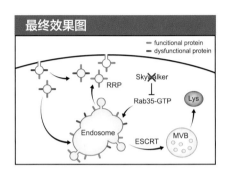

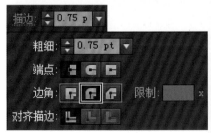

Tip

在画板中对物体进行精细操作时，可以将区间放大，便于操作。选择工具栏中的「缩放工具」，点击或框选进行放大，按 Alt 键即是缩小。另外还可以按着 Alt 键，滚动鼠标滚轮可对区间进行缩放。

4. 利用 Alt 键，快速复制一份"内吞泡"，将其移动到膜上合适的位置。此时内吞泡编组，但需要改变"蛋白"颜色，需要取消编组，点击鼠标右键选择取消编组即可。除了这种方法外，还可以在编组的情况下，编辑其中的对象。

方法一：使用「直接选择工具」

选择工具栏中的「直接选择工具」，点击选择左侧的"蛋白"，按着键盘上的 Shift 加选右侧"蛋白"。打开右栏的「外观」面板，设置描边颜色为"亮紫色"。

方法二：进入隔离模式

选择工具栏中的「选择工具」，双击"内吞泡"可进入隔离模式，此时除了"内吞泡"可以编辑外，其他对象均不可编辑。选择左右两侧的蛋白，在控制栏设置描边颜色为"亮紫色"。编辑完后，鼠标双击其他地方或按 Esc 键，退出隔离模式。

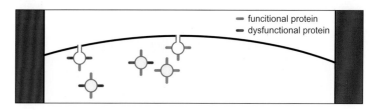

functional protein
dysfunctional protein

◆ 绘制核内体

1. 选择工具栏中的「椭圆工具」，绘制若干有交集的椭圆，最外层的边框就是"核内体"的轮廓。将"内吞泡"取消编组，使用 Alt 键复制几个"小泡"添加在椭圆外边框上。切换为「选择工具」，框选全部椭圆与"小泡"。打开「路径查找器」面板，在形状模式中选择联集，合并为一个整体，在「描边」面板中设置边角为"圆角连接"。保持"核内体"选择的状态下，选择「吸管工具」，点击圆形"小泡"即可吸取其外观。

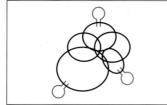

2. 保持"核内体"选择的状态下，打开右栏的「外观」面板，选择填色栏，点击下方第三个小图标添加新效果（ fx. ），选择「风格化」（Illustrator 效果）>「内发光」，勾选预览查看效果，设置模糊为"4 mm"，选择中心模糊，可以看到"核内体"从中间向四周泛白，点击确定。在其轮廓上添加若干蛋白，即可以完成"核内体"的绘制。

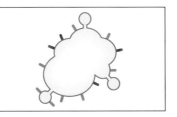

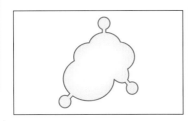

3. 使用工具栏中的「椭圆工具」绘制 MVB 与 Lys 元素，可选择色板中颜色组 1 的颜色。同样添加上内发光效果，在预览状态下调节模糊参数至合适状态。使用「文字工具」添加上文字。

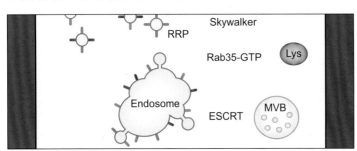

◆ 添加箭头

在"Chapter 3"的"实例一、基因元素"中，我们学习使用「钢笔工具」绘制直线段、折线。在接下来的教程中，我们将进一步学习使用「钢笔工具」，绘制不同形态的路径。

1. 选择工具栏中的「钢笔工具」，在"MVB"的右上方点击一下，建立第一个锚点，接着在"Lys"的下方点击第二下，不要松开鼠标，稍向右上方拖动鼠标。穿过锚点出现两条手柄，手柄的长度与角度控制弧线的形态。拖动鼠标调节手柄长度与角度，当弧线合适时才松开鼠标，绘制出一条弧线。打开「外观」面板，设置描边颜色为"黑色"，填充颜色为"无"。重复上面相同的步骤，继续完成其他弧线。

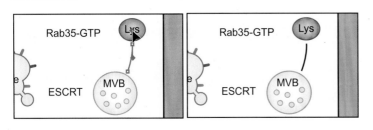

📝 **Note**

当只需要将效果应用在描边或填充上，而不是整个对象，需要在「外观」面板上添加效果。

可以尝试在菜单栏中的效果设置相同的参数，对比这两种操作的不同之处。

💡 **Tip**

选择工具栏中的「直接选择工具」，点击弧线段的锚点，鼠标拖动锚点可以调节锚点的位置，鼠标拖动手柄末端可以调节其长度与角度。

使用「钢笔工具」绘制新的路径时，注意需要按 Ctrl 键，临时切换到「选择工具」，在空白处点击一下鼠标，后松开 Ctrl 键，即可以另起一段路径。否则，新建的锚点会与上一个锚点相连。

另外，新建起始锚点时不松开鼠标，也可以拉出手柄。

使用「钢笔工具」绘制的路径具有方向性，在添加箭头时会影响箭头指向，建议绘制路径时统一方向。

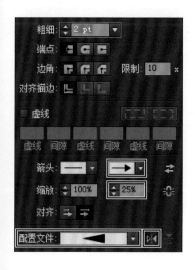

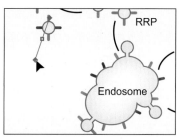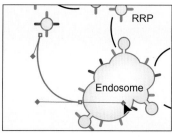

2. 选择工具栏中的「**选择工具**」，按着 Shift 键，加选所有的弧线，打开「**描边**」面板，设置描边粗细为"2 pt"，在箭头栏设置终点箭头为"箭头 7"，缩放为"25%"，在最下方的配置文件选择"宽度配置文件 4"。此时宽度配置文件与箭头的方向相反，点击右边的纵向翻转（ ），改变配置文件的方向。

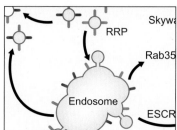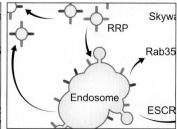

将剩下的部分补充完整，添加抑制符号与红色交叉，完成插图。

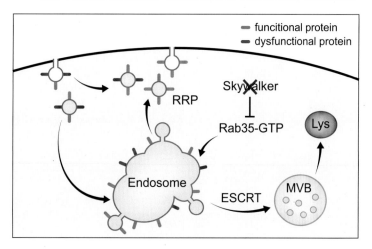

实例二、G 蛋白偶联受体

双击打开素材「0402.ai」。

◆ 绘制 G 蛋白偶联受体

「路径查找器」在绘制 G 蛋白偶联受体过程中是很重要的应用，灵活地使用「路径查找器」，可以创作出各种各样有趣的图形。另外，在本次的教程中还将学习新的工具，自由绘制的「铅笔工具」。

1. 选择工具栏中的「矩形工具」，在画板中绘制一个矩形，大小约为"宽 3 mm、高 21 mm"，在控制栏设置填充颜色为"浅绿渐变"，描边颜色为"深绿色"，描边粗细为"0.5 pt"。切换到「椭圆工具」，利用智能参考线，绘制一个与矩形等宽的椭圆，大小约为"宽 3 mm、高 1.3 mm"。

2. 选择工具栏中的「选择工具」，利用 Alt 键复制椭圆，将椭圆分别置于矩形的上下方，矩形的边框过椭圆的中心点。框选矩形与下方的椭圆，打开「路径查找器」，选择联集，使矩形与椭圆合并为一个整体。此时，椭圆会在联集后的图形下方。选择上面的椭圆，点击鼠标右键，选择「排列」>「置于顶层」，完成 G 蛋白的一个"亚基"。框选新形成的图形与椭圆，鼠标右键选择编组，使其成为一个组，可以整体移动。利用 Shift+Alt 键，鼠标点击 G 蛋白的"亚基"，水平向右拖动约"4 mm"，复制出另一个"亚基"。此时，按着快捷键 Ctrl+D 五次，就会重复之前的变换，出现五个等距离移动的"亚基"，完成 G 蛋白偶联受体的"身体"部分。

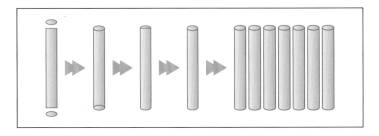

3. 选择工具栏中的「椭圆工具」，利用智能参考线，绘制一个宽为相邻两椭圆中心点距离的大椭圆，大小约为"宽 4 mm、高 3.4 mm"。设置大椭圆的填充颜色为"无"，描边粗细为"2 pt"，描边端点为"圆头端点"。切换到「剪刀工具」，将大椭圆的左右两个锚点剪断。切换为「选择工具」，上半弧线在上方连接"亚基"，下半弧线在下方连接"亚基"，复制几份弧线，使"亚基"首尾相连。

选择工具栏中的「铅笔工具」，将光标放在第一个"亚基"椭圆的中心，单击鼠标拖动，绘制出一条路径，为 G 蛋白偶联受体 C 端。同样在最后一个"亚基"的下方绘制一条路径，作为 G 蛋白偶联受

最终效果图

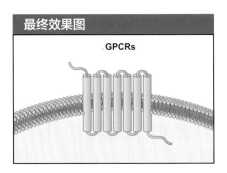

GPCRs

📝 **Note**

Ctrl+D 是在菜单栏中的「对象」>「变换」>「再次变换」的快捷键。

📝 **Note**

"亚基"水平移动的距离，即为需要绘制的大椭圆的宽的长度。

体 N 端。

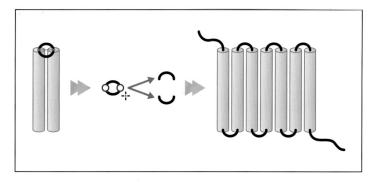

Note

双击工具栏中的「吸管工具」，可以设置栅格取样大小，吸管挑选或应用的外观与样式。

Tip

点击菜单栏中「窗口」>「对齐」，弹出「对齐」面板，在这面板组里还有「变换」面板与「路径查找器」面板，都是常用的面板，可将这面板组拖动到右栏中，方便下次使用。「对齐」面板的快捷键为 Shift+F7。
若「对齐」面板没有显示分布间距与对齐方式，点击面板右上角的倒三角形，选择显示选项。

4. 使用「选择工具」选择下方的路径，点击鼠标右键，选择「排列」>「置于底层」，使路径置于"亚基"的下面。按着 Shift 键加选上方的路径，点击菜单栏中「对象」>「路径」>「轮廓化描边」，路径变为图形。切换到「吸管工具」，鼠标点击"亚基"吸取其外观，可以快速地将选择的对象变得与吸取对象的外观相同。切换为「选择工具」，框选全部对象，点击鼠标右键进行编组。打开「对齐」面板，设置对齐方式为对齐画板，在对齐对象选择水平居中对齐、垂直居中对齐，完成 G 蛋白偶联受体的绘制。

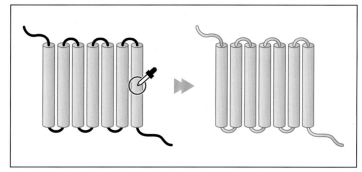

◆ 绘制细胞膜

磷脂双分子层是由许多磷脂分子组成的，当绘制这样大量相同且有规则的元素，使用画笔能快速生成磷脂双分子层。下面将初步学习使用画笔。

1. 打开右栏的「画笔」面板，使用「选择工具」选择面板下方的一对磷脂分子，拖动至「画笔」面板中。在弹出的面板中选择新画笔类型为图案画笔，点击确定后，会再弹出图案画笔的选项面板，将名称改为"磷脂分子"，保持其他的选项在默认选择下，点击确定。此时，在「画笔」面板中会出现新建的图案画笔。

2. 选择工具栏中的「钢笔工具」，在画板外的左边偏下方，点击鼠标建立起始锚点。在画板外的右边偏下方，点击并向右下方拖动鼠标，建立第二个锚点，使弧线横跨画板并穿过 G 蛋白偶联受体。打开右栏的「外观」面板，确保弧线的填充颜色为"无"，完成细胞膜的基本轮廓。切换到「选择工具」，将弧线的位置摆放好，点击鼠标右键，选择「排列」>「置于底层」，使弧线在 G 蛋白偶联受体的下方。点击画板在空白处，取消选择。

💡 *Tip*

使用「钢笔工具」绘制弧线，若对绘制的路径不满意，可以按快捷键 Ctrl+Z，还原到上一步，甚至更多步。也可以切换到「直接选择工具」，对路径的锚点位置或锚点手柄长度与角度进行调整。

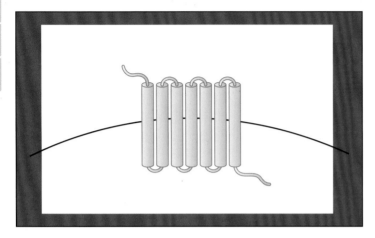

3. 使用「选择工具」选择弧线，打开右栏「画笔」面板，点击新建的"磷脂分子"画笔，弧线变成"磷脂双分子层"的轮廓。在控制栏将描边粗细从"1 pt"设置为"0.75 pt"，"磷脂分子"会相应变小。

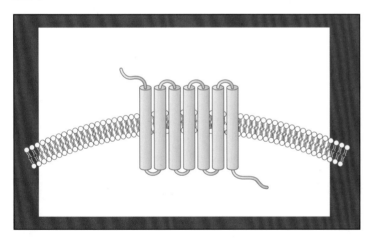

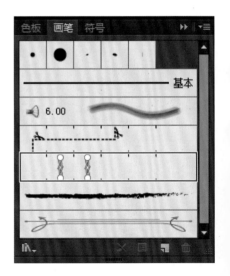

4. 点击菜单栏中「视图」>「轮廓」，会看到画布中的元素的轮廓，只有线条组成，会发现"磷脂双分子层"的本体为一条弧线，应用的画笔是路径的外观。若是需要对"磷脂分子"进行编辑，需要对其扩展外展。点击菜单栏中「对象」>「扩展外观」，弧线变为"磷脂双分子层"的轮廓。点击菜单栏中「视图」>「预览」，恢复本来的状态，此时可以对磷脂分子进行编辑。

如下页图所示，在轮廓视图下，应用画笔的路径在扩展外观前与扩展外观后的变化。

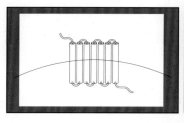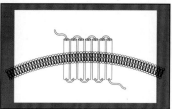

5. 选择"磷脂双分子层"，会发现扩展外观后，"磷脂双分子层"以一个组存在。在控制栏设置填充颜色为"橙色渐变"。按着 Alt 键鼠标稍向右下拖动"磷脂双分子层"，使"磷脂分子"相互交错，再添加两份"磷脂双分子层"。将最后复制的"磷脂双分子层"排列置于顶层，双击进入隔离模式。鼠标框选挡住"G 蛋白偶联受体"的"磷脂分子"，按 Delete 键删除，留下"G 蛋白偶联受体"边缘的"磷脂分子"，使得"G 蛋白偶联受体"看起来像嵌在"磷脂双分子层"之间。完成细胞膜的绘制。

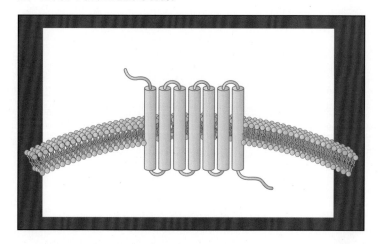

最后应用「文字工具」在"G 蛋白偶联受体"上方添加文字，应用「矩形工具」绘制一个与画板大小相同的矩形，并置于底层，为插图添加一个自上而下的浅黄渐变背景。

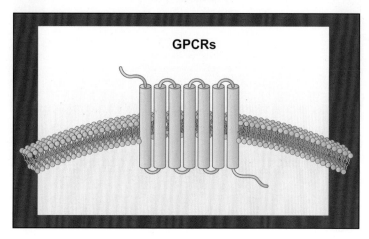

💡 *Tip*

导出图片时，勾选使用画板，即只会导出画板中的图像，画板外的不会包含在图片中。（详细可看第 10 页）

实例三、泛素化

双击打开素材「0403.ai」。

◆ 绘制泛素

泛素一般使用圆形或椭圆形作图示，填充上纯色块，或径向渐变，或在纯色块的基础上添加内发光效果。本教程以内发光的圆表示泛素。

1. 选择工具栏中的「**椭圆工具**」，按着 Shift 键不放，鼠标在画板中创建一个大小约为"宽 4.7 mm、高 4.7 mm"的正圆，先松开鼠标后放开 Shift 键。在控制栏设置填充颜色为"浅棕色"，描边颜色为"深棕色"，描边粗细为"0.75 pt"。打开右栏「**外观**」面板，点击添加新效果，选择「**风格化**」（Illustrator 效果）>「**内发光**」，勾选预览查看效果，设置模糊"1.5 mm"，中心模糊，可以看到圆从中间向四周泛白，如同圆的中间发光，点击确定。

2. 选择工具栏中的「**文字工具**」，鼠标在画板中点击建立文字框，输入"Ub"，在控制栏设置字体为"Arial"，字体大小为"8 pt"。切换为「**选择工具**」，框选圆与文字，打开「**对齐**」面板，设置对齐方式为对齐所选对象，点击圆将其设置为对齐关键对象，点击水平居中对齐与垂直居中对齐，此时会发现文字在圆中偏向上方。点击空白处，取消选择，选择文字，按着 Shift 键不放，鼠标拖拉将文字放置在圆的中间位置。再次框选圆与文字，鼠标右键将其编组，便于之后的操作。

◆ 绘制酶类

酶类的机理图通常会涉及结合位点，通过应用路径偏移与路径查找器，可以形象地表示酶与蛋白的结合。

1. 选择工具栏中的「**椭圆工具**」，利用 Shift 键，绘制一个大小约为"宽 5.2 mm、高 5.2 mm"的正圆。在控制栏设置填充颜色为"浅灰色"，描边颜色为"深灰色"，与泛素相同的描边粗细与内发光效果，作为泛素激活酶 E1。利用 Alt 键，复制两个圆，一上一下有交集，打开「**路径查找器**」，选择联集，在控制栏设置填充颜色为"浅褐色"，描边颜色为"深褐色"，描边边角为圆角连接，作为泛素结合酶 E2。

最终效果图

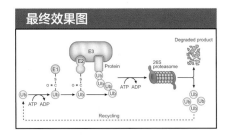

内发光

2. 选择「圆角矩形工具」，绘制一个大小约为"宽 4.7 mm、高 8.5 mm"的圆角矩形，在还没松开鼠标的时候，按着键盘上的方向键（上、下）调节圆角半径，设置填充颜色为"浅蓝色"，描边颜色为"深蓝色"，添加填色模糊为"2 mm"的内发光效果，作为靶蛋白。再绘制一个大小约为"宽 25.3 mm、高 21.7 mm"的大圆角矩形，设置填充颜色为"茶红色"，描边颜色为"褐色"，添加填色模糊为"2.7 mm"的内发光效果。

切换到「选择工具」，选择靶蛋白，使其排列在 E2 的右边，大概相距 10 mm，按着 Shift 键加选 E2，鼠标再点击一次 E2，将其设置为对齐的关键对象，在控制栏选择垂直顶对齐。点击菜单栏中「对象」>「路径」>「偏移路径」，弹出「偏移路径」面板，勾选预览查看效果，设置位移为"0.5 mm"，点击确定。此时 E2 与靶蛋白的轮廓向外偏移了 0.5 mm，作为两个独立的对象存在。选择大圆角矩形，将其排列置于底层，放在 E2 与靶蛋白的位置，与 E2 和靶蛋白部分重叠在一起，按着 Shift 键，加选路径偏移后的两个对象，打开「路径查找器」，选择形状模式里的减去顶层，路径偏移后的对象则被减去，新形成的对象作为泛素连接酶 E3。

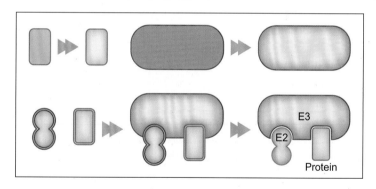

◆ 绘制蛋白质降解

蛋白质的降解，可以用该蛋白质分割成小碎片的形式表示，应用「刻刀工具」可以很快捷地将一个对象切割为许多的小块。

选择靶蛋白，按着 Alt 键复制一个靶蛋白。靶蛋白在选择的状态，选择工具栏中的「刻刀工具」，刻刀光标在靶蛋白切割的划痕即会形成新的描边，说明靶蛋白已经被分割。继续拖动光标进行切割，使靶蛋白分割成小碎片。切换到「选择工具」，拖动蛋白碎片，使其分散，也可以稍作旋转。框选蛋白碎片，在控制栏的描边里选择边

📝 Note

「刻刀工具」只对选择的对象才能进行切割。进行切割的时候需要注意划痕必须穿过对象，否则不能把对象完全分隔开。

角为圆角连接，鼠标右键进行编组，完成蛋白碎片的绘制。

◆ 绘制蛋白酶

1. 选择工具栏中的「**椭圆工具**」，利用 Shift 键，绘制一个大小约为"宽 2.2 mm、高 2.2 mm"的正圆，并设置填充颜色为"小球渐变"，描边颜色为"紫红色"，描边粗细为"0.75 pt"。选择「**渐变工具**」，将渐变中心移动到右上方即完成小球的绘制。选择「**选择工具**」，鼠标向左拖动小球，并按着 Shift+Alt 键，移动约"1.8 mm"。按快捷键 Ctrl+D 作相同的变换四次，框选这六个小球进行编组。利用 Alt 键，鼠标向下拖动复制三列小球，排列成像是圆桶的一侧，有一定的交错与弧度，调节最后复制的小球，将其排列置于底层。框选所有的小球进行编组，完成蛋白酶的中间部分。

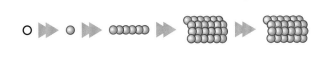

2. 利用「**椭圆工具**」绘制一个大小约为"宽 4.5 mm、高 7.2 mm"的椭圆。双击选择工具栏中的「**铅笔工具**」，并弹出铅笔工具选项框，设置保真度为"10"像素，平滑度为"50%"，保持其他选项在默认情况下，点击确定。在选定的椭圆上方，鼠标拖动铅笔光标，绘制右拇指形状的路径，绘制的路径会合并到椭圆上，设置填充颜色为"浅红渐变"。利用「**渐变工具**」从右上方向左下方拖动光标，穿过"拇指椭圆"，使其与小球有相同的打光方向。利用「**椭圆工具**」绘制一个大小约为"宽 2 mm、高 4 mm"的椭圆，设置填充颜色为"深红渐变"。利用「**渐变工具**」同样从右上方向左下方拖动光标。切换回「**选择工具**」，框选椭圆与"拇指椭圆"，将椭圆逆时针旋转约 16°。点击空白处取消选择，选择"拇指椭圆"，双击工具栏中的「**旋转工具**」（ ），勾选预览查看效果，设置旋转角度为"180°"，点击复制，使新复制的图形排列置于底层，完成蛋白酶的所有元素的绘制。切换回「**选择工具**」，将这些元素合并成蛋白酶，并进行编组。

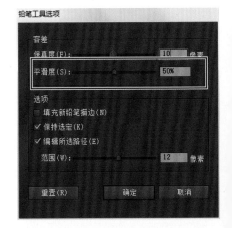

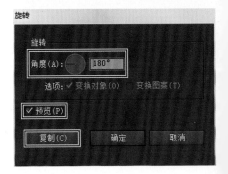

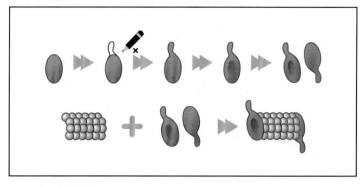

◆ 完成插图

1. 选择工具栏中的「**选择工具**」，将插图的各元素排放好。

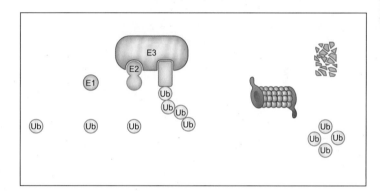

💡 **Tip**

适度使用「对齐」面板，将各元素排列整齐。

2. 使用「**钢笔工具**」等，绘制箭头与直线段。

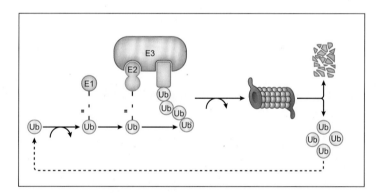

💡 **Tip**

绘制虚线箭头，可以使用「**圆角矩形工具**」，再使用「**剪刀工具**」剪去上半部分，在「**描边**」面板中添加箭头与虚线即可。

3. 使用「**文字工具**」添加文字，完成插图。

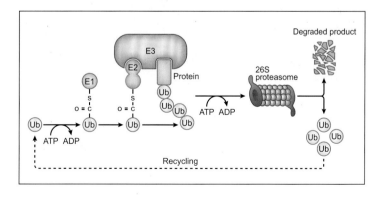

实例四、RNA 聚合酶 Ⅱ

双击打开素材「0404.ai」。

◆ 绘制 RNA 聚合酶 Ⅱ

1. 选择工具栏中的「**椭圆工具**」，在画板中绘制一个椭圆，其大小约为"宽 18 mm、高 12 mm"。设置填充颜色为"紫色渐变"，描边颜色为"紫色"，描边粗细为"0.75 pt"。在该椭圆被选择的状态下，选择「**渐变工具**」，鼠标拖动渐变批注者虚线圈上的小圆，使虚线圆的大小与椭圆的大小相同，向右上方稍拖动渐变批注者，设定光源在右上方。切换回「**选择工具**」，将椭圆逆时针旋转约 6°。

2. 双击工具栏中的「**橡皮擦工具**」，在弹出的橡皮擦选项中设置大小为"6 pt"，保持其他选项在默认情况下，点击确定。在画板中，十字光标围着一个圈，即为橡皮擦的大小。对着选定的椭圆进行擦拭，在椭圆的右边擦拭出一个波浪形的缺口。长按「**铅笔工具**」>「**隐藏工具**」>「**平滑工具**」，对椭圆的缺口进行适当的编辑，使线条变得顺滑。

3. 在缺口椭圆的上方再绘制一个大小约为"宽 13.2 mm、高 17.2 mm"的椭圆，设置填充颜色为"紫色"，描边颜色为"无"，将其排列置于底层。同样应用「**橡皮擦工具**」对选定的紫色椭圆擦拭出一个缺口，作为 RNA 聚合酶 Ⅱ 的内部。将绘制的这两部分合并起来，组成"Pol IIA"的"主体"。

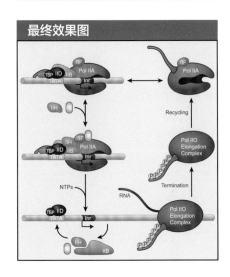
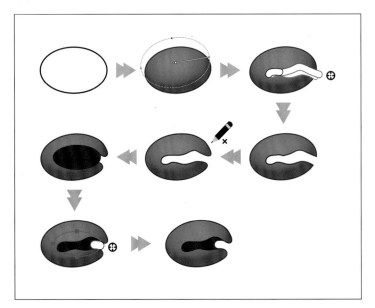

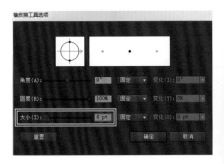

💡 **Tip**

应用「**橡皮擦工具**」时，只有选定的对象才能进行编辑。对擦拭后的效果不满意，可以按快捷键 Ctrl+Z 还原到上一步。

4. 选择工具栏中的「**铅笔工具**」，绘制一条"捺"形状的路径，设置填充颜色为"无"，描边颜色为"黑色"，描边粗细为"3 pt"，描边端点为"圆头端点"。

5. 选择工具栏中的「**宽度工具**」，在画板中的光标左下方会出现一个波浪号，当把光标放在路径上，波浪号会变成加号，此时点击并拖动鼠标便可以改变描边的粗细。将光标放在"捺"的尾部，点击并拖动鼠标使宽度约为"2.7 mm"，往其上面添加一点使宽度约为"1.6 mm"，在"捺"的顶部再添加一点使其宽度为"1.4 mm"，形成"Pol IIA"的尾巴。

6. 点击菜单栏中「**对象**」>「**路径**」>「**轮廓化描边**」，选择「**吸管工具**」，点击 RNA 聚合酶 II 的身体，使尾巴吸管其外观。打开「**渐变**」面板，将类型改为"线性"，完成"Pol IIA"的尾巴。

Note

使用「**宽度工具**」时，将光标放在路径的宽度节点上，此时光标左下方是波浪号，点击并沿着路径拖动可以移动节点的位置。点击并拖动描边边缘上的节点可以改变描边的宽度，若按着 Alt 键，可以调节一边的宽度。

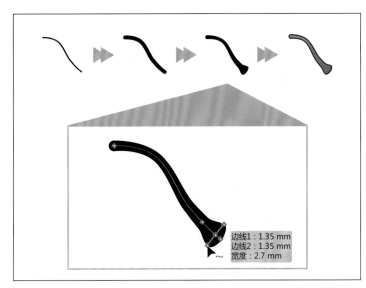

将"Pol IIA"的尾巴放在其"身体"上，完成"Pol IIA"。

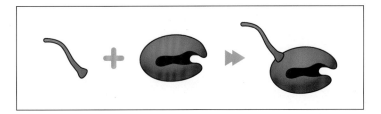

◆ **绘制其他酶类**

插图中的其他酶类可以使用「**圆角矩形工具**」和「**椭圆工具**」等绘制的几何图形来表示。对于不规则的酶类，可以在绘制的几何图形上稍作编辑，形成不规格的形状。

可以将 IIF 的基本形状看作是椭圆，选择「**椭圆工具**」绘制一个大小约为"宽 4.7 mm、高 3.3 mm"椭圆。切换到「**选择工具**」，将椭圆逆时针旋转约 25°，拖动到 RNA 聚合酶 II 的"背上"，靠近尾巴的右边。双击选择「铅笔工具」，在椭圆的左下方绘制一条向中心凹进去的曲线，设置其外观即完成 IIF 元素的绘制。

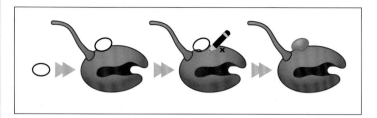

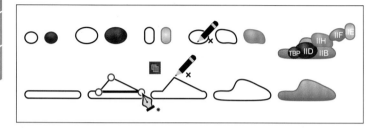

◆ 绘制基因

使用「椭圆工具」与「矩形工具」绘制基因的基本轮廓，应用路径查找器创建出基因的形状，设置外观，即完成基因的绘制。

◆ 绘制 RNA

使用「铅笔工具」绘制一条曲线，设置曲线描边粗细为 "2 pt"，描边端点为 "圆头端点"。点击菜单栏中「对象」>「扩展」，弹出「扩展」面板，只勾选描边，点击确定。曲线路径变为一图形，可填充上颜色与描边，完成 RNA 的绘制。

将所有的元素组合起来，添加上文字与箭头，再绘制一个矩形框作为背景，填充上颜色，完成本次的插图绘制。

📝 *Note*

组合各元素的时候需要注意元素之间的排列顺序，相同的元素可重复利用，可以使用编组与取消编组功能。

尽量利用工具栏里「直线段工具」系列工具与「矩形工具」系列工具，直接生成需要的图案。若需要生成更复杂的图形，可利用其他的工具进一步编辑。如绘制弧线箭头，可以选择「弧形工具」进行绘制。

实例知识点

旋转工具的应用
路径查找器的应用
符号工具的应用

最终效果图

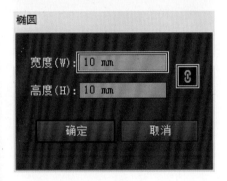

实例五、病毒

双击打开素材「0405.ai」。

◆ 绘制病毒

1. 选择工具栏中的「**椭圆工具**」，在画板中点击一下，在弹出的选框中设置约束宽度和高度的比例，在宽度栏输入"10"，高度随即变成"10 mm"，点击确定。在画板中出现一个正圆，设置填充颜色为"无"，描边颜色为"暗红色"，描边粗细为"3 pt"，作为病毒的脂质膜。

2. 设置对齐的参考点为中心（▦），在圆选择的情况下，选择菜单中「**编辑**」>「**复制**」，再选择「**编辑**」>「**贴在后面**」，此时已经复制了一个外观与大小相同的圆在绘制的圆后面。在控制栏中设置宽为"8.5 mm"，在约束宽度和高度的比例的情况下，高也为"8.5 mm"，在绘制的圆中会出现一个小圆。打开「**画笔**」面板，选择"图案画笔 1"，小圆的描边变为小球，设置填充颜色为"浅蓝色"，作为病毒的糖胺聚糖。

3. 选择工具栏中的「**直线段工具**」，按着 Shift 键，绘制一条垂直的直线段，长度约为"3 mm"，设置填充颜色为"无"，描边颜色为"绿色"，描边粗细为"1 pt"。选择「**椭圆工具**」，按着 Shift 键，绘制一个大小约为"宽 1.7 mm、高 1.7 mm"的正圆。此时的正圆没有填色，描边颜色为"绿色"，点击工具栏中「**填色**」与「**描边**」右上方的互换填色与描边图标（↰），圆角矩形的填充色和描边色互换，其填充颜色就变为"绿色"，描边颜色为"无"。切换到「**选择工具**」，利用智能参考线，将正圆拖动到直线的上方，当出现一条从正圆中心指向直线中点的荧光色线段，松开鼠标，此时圆角矩形与直线垂直居中对齐。选择两者进行编组，作为病毒的膜蛋白。

4. 选择膜蛋白，利用智能参考线，将其拖动到脂质膜与糖胺聚糖的正上方。选择工具栏中的「**旋转工具**」（◑），将光标移动到脂质膜的中心，当出现荧光色的"中心点"，按着 Alt 键，点击鼠标，会弹出旋转选框。鼠标点击的位置出现青色的圈，作为旋转的中心点。勾选预览，设置旋转的角度为"45°"，点击复制，复制了一个围着中心点旋转了 45° 的膜蛋白。按快捷键 Crtl+D 六次再次作相同的变换，绘制了六个膜蛋白。选择「**选择工具**」，选择糖胺聚糖，将其排列置于顶层，完成整个病毒的绘制。

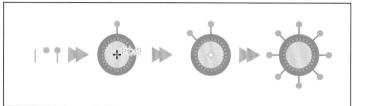

◆ 绘制细胞膜的结合

1. 选择工具栏中的「**矩形工具**」，在画板中点击鼠标弹出矩形选框，设置宽度为"80 mm"，高度为"8.5 mm"，点击确定，绘制一矩形。按键盘上的字母"D"，将矩形设置为默认的填色和描边，即白底黑框，再按键盘上的"/"，去除矩形的填色。点击控制栏中的对齐画板按钮，选择对齐画板，点击水平居中对齐与垂直底对齐，绘制的矩形将居中对齐画板的底部。

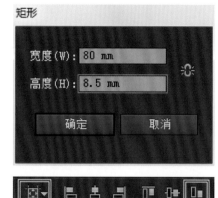

2. 选择工具栏中的「**选择工具**」，框选整个病毒，利用 Alt 键复制一份，并将其拖动到矩形上边框的左边，使脂质膜与矩形稍有交集。选择左下方的四个膜蛋白，按 Delete 键删除。选择脂质膜，点击菜单栏中「**编辑**」>「**复制**」。

> 💡 *Tip*
>
> 快捷键"D"与"/"相当于点击工具栏的默认的填色和描边（▣）与无（⊘），在英文输入法下才能使用。（D 表示 Default）
> 另外，使用快捷键"/"时，若工具栏中的填色在上，去除的是填色，若描边在上，去除的是描边色。

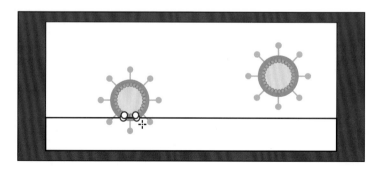

3. 选择脂质膜，切换到「**剪刀工具**」，利用智能参考线，点击脂质膜与矩形框的交点，将脂质膜剪成两部分，按 Delete 键两次，删除下面的脂质膜部分，设置描边边角为圆角连接。同样的操作使糖胺聚糖环剪出一缺口。

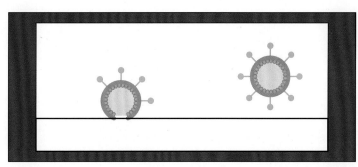

Note

将对象锁定后就不能进行编辑，需要编辑时，点击菜单栏中「**对象**」>「**全部解锁**」。快捷键：

锁定：Ctrl+2

全部解锁：Ctrl+Alt+2

4. 点击菜单栏中「**编辑**」>「**就地粘贴**」，粘贴在前面步骤中复制的脂质膜，脂质膜在原来的位置上。选择「**选择工具**」，按 Shift 键，加选矩形。打开「**路径查找器**」面板，选择联集，点击鼠标右键将其排列至于底层，设置填充颜色为"灰蓝色"，描边颜色为"无"。完成细胞膜内环境，点击菜单栏中「**对象**」>「**锁定**」>「**所选对象**」，将其锁定。

5. 选择工具栏中的「**直线段工具**」，将十字光标放在脂质膜左边的缺口处，当出现荧光色的"锚点"二字，按着 Shift 键，向左拖出一水平直线段至画板外，设置填充颜色为"无"，描边颜色为"灰蓝色"，描边粗细为"3 pt"，描边端点为"圆头端点"。同样在脂质膜右边的缺口绘制一直线，完成细胞膜的绘制。

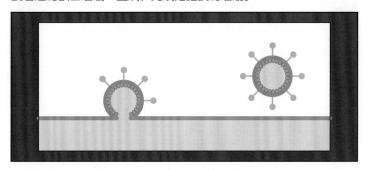

◆ 绘制复合物

绘制有一定数量且不规则排列的元素时，可将图形设置为符号，作为图形实例。选择工具栏中的「**符号工具**」等系列工具，可以方便、快捷地生成许多相似符号图形，还可以对这些符号图形进行移动、删除、着色、旋转等批量处理。

1. 继续使用「**直线段工具**」，点击画板空白处，在弹出的直线段选项中设置长度"1.2 mm"，点击确定。设置直线段的描边颜色为"红色"，描边粗细为"1 pt"，作为复合物。选择工具栏中的「**选择工具**」，利用 Alt 键，在病毒与细胞膜结合处复制多个复合物，摆放好位置，并作一定角度的旋转。

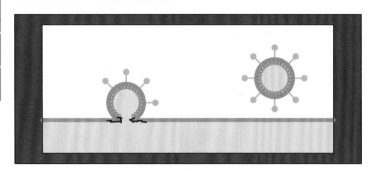

2. 打开右栏的「**符号**」面板（![符号图标]），将绘制的红色直线段复合物拖到「**符号**」面板中，弹出符号选项中可创建符号的名称"complex"，点击确定。双击工具栏中的「**符号喷枪工具**」，在弹出的符号工具选项中设置直径为"2 mm"，保持其他选项在默认状态下，点击确定。在右边的病毒下方的细胞膜内，按着鼠标左键不放，缓慢从左向右拖动，会不断地出现复合物，当出现 10 多个时松开鼠标，复合物停止增加。分别切换「**符号紧缩器工具**」、「**符号旋转器工具**」、「**符号位移器工具**」等对复合物组进行紧缩、旋转、移动等编辑，即完成复合物组的绘制。

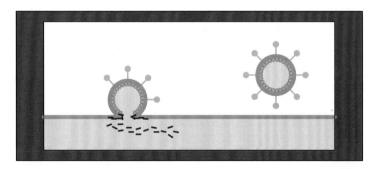

3. 使用「**文字工具**」添加文字并设置不同的颜色，使用「**直线段工具**」绘制箭头与文字标注线。最后添加一个深蓝色的大于或等于画板大小的矩形背景，置于底层，完成插图。

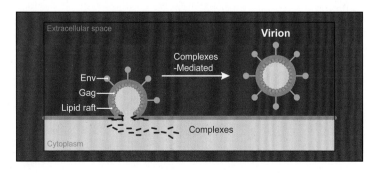

📝 *Note*

使用「**符号紧缩器工具**」、「**符号缩放器工具**」时，点击并拖动图形实例组会对其进行紧缩距离与放大，若按着 Alt 键，则对其疏松距离与缩小。

实例六、蛋白质的折叠结构

双击打开素材「0406.ai」。

实例知识点

铅笔工具的应用
画笔面板的应用
高斯模糊效果的应用

最终效果图

◆ **绘制蛋白质的折叠结构**

绘制连续的各种图案，可以应用图案画笔，如绘制磷脂双分子层。本教程将更进一步学习图案画笔，绘制蛋白质的折叠结构，这里会应用一些小技巧。

1. 双击工具栏中的「**铅笔工具**」，在弹出的「**铅笔工具**」选项中设置平滑度为"30%"，保持其他选项在默认状态下，点击确定。使用「**铅笔工具**」在画板中大致绘制出蛋白质的轮廓，对其不满意可以直接使用「**铅笔工具**」再次进行编辑，新绘制的路径会改变原来的路径。亦可切换到「**直接选择工具**」，对锚点或路径进行微调，最终完成蛋白质的轮廓。

2. 选择工具栏中的「**矩形工具**」，绘制一个大小约为"宽9.5 mm、高3.2 mm"的矩形，设置填充颜色为"黄色"，描边颜色为"无"。选择工具栏中的「**直线段工具**」，将光标放在矩形的左上角，出现荧光色"锚点"时，按着 Shift 键不放，点击鼠标拖动至矩形的右上角。同样当出现荧光色"锚点"时则放开鼠标，松开 Shift 键，绘制的直线则与矩形等宽。在控制栏的描边框里输入"0.5"，按 Enter 键，直线段描边色默认为黑色。鼠标点击直线段并向下拖动，按 Shift+Alt 键，复制一直线段放在矩形的下边框。

选择工具栏中的「**椭圆工具**」，利用智能参考线，绘制一个与矩形等高的椭圆，宽比高稍短。设置填充颜色为"黄色"，描边颜色为"黑色"，描边粗细为"0.5 pt"。选择工具栏中的「**剪刀工具**」，分别点击椭圆的上下锚点。使用「**选择工具**」将椭圆分割成左右两个部分。

3. 打开「**色板**」面板，分别选择绘制的 1、2、3 部分，将其拖进色板中，名称分别为新建图案色板 1、新建图案色板 2、新建图案色板 3。打开「**画笔**」面板，点击右下方的新建画笔按钮（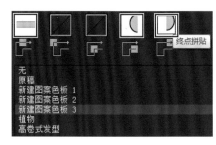），在弹出的选框中选择图案画笔，点击确定后，弹出图案画笔选项，在选项中可以修改画笔的名称、缩放、距离等。点击边线拼贴小图标，在其下方选择新建图案色板 1，作为蛋白质轮廓的边线部分。同样点击起点拼贴小图标设置其拼贴为新建图案色板 2，终点拼贴为新建图案色板 3，点击确定，完成图案画笔 1。

选择蛋白质轮廓，点击「**画板**」面板中新建的图案画笔 1，轮廓即填充上图案画笔 1 的样式，起点与终点为圆角，新建图案色板 1 延伸填充边线。此时，蛋白质的描边较粗大，可以在控制栏设置描边粗细为 "0.75 pt"，使描边变细，拐弯处变得流畅。

Note

双击图案色板会弹出「**图按选项**」面板，可以对添加的图案色板修改名字。另外，只有将各元素创建为图案，才能应用在图案画笔中。

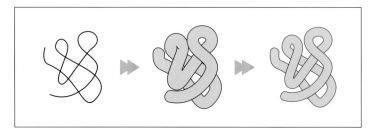

4. 目前绘制的蛋白质并没有呈现出空间的折叠状态。下面通过几个简单的操作就能实现蛋白质的空间折叠，在图案画笔上稍作变换。

选择工具栏中的「**剪刀工具**」在蛋白质末端的位置（如图片红色圈圈的位置），点击一下，将蛋白质的路径断开，图案画笔会分别应用在这两段路径上，末端的一段蛋白在底层。此时，末端蛋白在选择的状态下。点击选择「**画笔**」面板里的图案画笔 1，点击面板右上角的菜单，选择复制画笔，双击复制的画笔进入图案画笔选项，将名字修改为图案画笔 2，选择起点拼贴将其修改为无，点击确定，在弹出的警告框里选择应用于描边，末端的一段蛋白质的起点变为平头。切换回「**选择工具**」，选择另一段蛋白，双击图案画笔 1，选择终点拼贴将其修改为无，点击确定，在弹出的警告框里选择应用于描边，蛋白质的末端变为平头，两端蛋白质看似连接起来，完成具有空间折叠的蛋白质。

框选蛋白质，点击鼠标右键进行编组。点击控制栏中的对齐画板按钮，选择对齐画板，点击水平居中对齐与垂直居中对齐，使蛋白质位于画板正中。

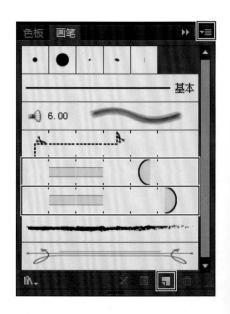

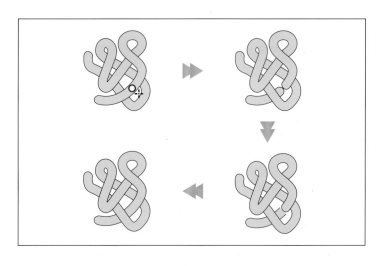

◆ 添加投影效果与背景

1. 选择工具栏中的「椭圆工具」，在蛋白质的正下方绘制一个大小约为"宽 22 mm、高 8.4 mm"的椭圆，设置填充颜色为"灰色"，描边颜色为"无"，鼠标右键将其排列置于底层。选择菜单栏中「效果」>「模糊」（Photoshop 效果）>「高斯模糊」，在弹出的选框中勾选预览，设置半径为"25"像素，点击确定，为蛋白质添加了投影的效果。

选择工具栏中的「选择工具」，按着 Shift 键加选蛋白质，再点击一下蛋白质，将其设置为对齐的关键对象，选择垂直居中对齐。

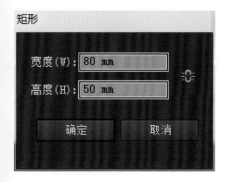

Note

Illustrator 效果大多属于矢量效果，通过系统计算生成，在最终输出时会以最适合分辨率来进行栅格化。应用 Illustrator 效果系统负担较大，常常要不断重新计算得到结果。

Photoshop 效果属于栅格效果，在应用时已经进行了栅格化，确定图形效果的像素。往往在最终输出时再次栅格化，造成二次损失，比 Illustrator 效果差。

因此，在 AI 中建议尽量采用 Illustrator 效果，但效果数量应视硬件配置进行控制。尽量不采用 Photoshop 效果，可以在 Photoshop 中对素材修饰后再置入 AI 中。

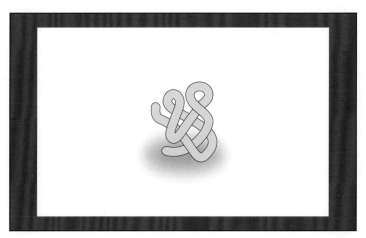

2. 选择工具栏中的「矩形工具」，在画板中点击一下，在弹出的矩形选框中设置宽度为"80 mm"、高度为"50 mm"，点击确定，绘制出一个与画板大小相同的矩形，鼠标右键将其排列置于底层。点击控制栏中的对齐画板按钮，选择对齐画板，点击水平居中对齐与垂直居中对齐，使矩形位于画板正中。设置填充颜色为"蓝色渐变"，选择「渐变工具」，点击并拖动渐变批注者的末端至矩形的边框，完成插图的背景，本次绘图结束。

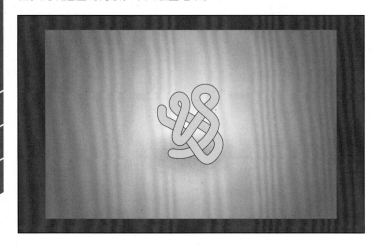

细胞猪

Chapter 5

DNA & RNA

实例一、DNA 路径

双击打开素材「0501.ai」。

◆ 绘制 DNA

1. 选择工具栏中的「**直线段工具**」，在画板外点击一下，弹出直线段工具选项框，设置长度为"180 mm"，其他选项保持默认情况即可，点击确定，生成一条没有描边颜色的直线段。在控制栏设置描边颜色为"紫色"，描边粗细为"2 pt"，描边的端点为"圆头端点"。

2. 点击菜单栏中「**效果**」>「**扭曲和变换**」（Illustrator 效果）>「**波纹效果**」，在弹出的波纹效果选框里勾选预览以查看效果，设置大小为"2.4 mm"，每段的隆起数为"20"，设置点为"平滑"，直线添加了波纹外观，点击确定。

3. 选择工具栏中的「**选择工具**」，点击波浪线向右拖动，同时按着 Shift+Alt 键，使波浪线水平复制并移动约"5.2 mm"，即完成 DNA 的基本轮廓。

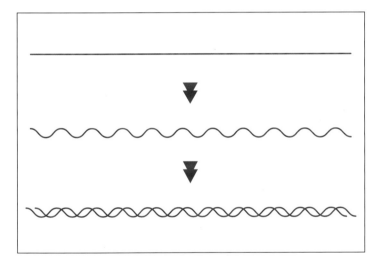

◆ 制作 DNA 画笔

选择工具栏中的「**选择工具**」，框选 DNA，点击菜单栏中「**对象**」>「**扩展外观**」，将波纹效果的直线变为波浪线。再次点击菜单栏中「**对象**」>「**外观**」，在弹出的扩展框内，去掉勾选填充，点击确定，将波浪线的描边变为图形，填充颜色为"紫色"。

打开「**路径查找器**」面板，选择形状模式里的联集，使两条波浪线的 DNA 变为一个整体的复合图形。在控制栏中设置描边颜色为"深蓝色"，描边粗细为"0.75 pt"，完成 DNA 的绘制。

打开「**画笔**」面板，选择 DNA，将其拖进到「**画笔**」面板中，

实例知识点

波纹效果的应用
铅笔工具的应用
宽度工具的应用

最终效果图

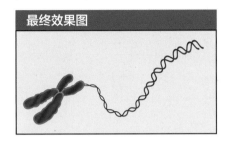

直线段工具选项

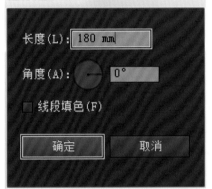

在弹出的选框中选择新建画笔类型为艺术画笔，点击确定，弹出艺术画笔选项框，其他选项保持默认情况即可，点击确定，在「画笔」面板中出现创建的艺术画笔 1。

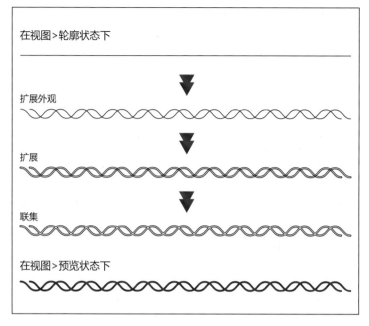

在视图>轮廓状态下

扩展外观

扩展

联集

在视图>预览状态下

◆ 绘制 DNA 路径

1. 双击选择工具栏中的**「铅笔工具」**，在弹出的铅笔选框中设置平滑度为"30%"，点击确定即可。在染色体的右上端绘制一条弯曲的路径，在控制栏设置路径的描边粗细为"1.5 pt"。

☀ *Tip*

选择**「直接选择工具」**，可以对绘制的路径进行编辑，使路径更加流畅。或者按快捷键 Ctrl+Z 还原到上一步，使用**「铅笔工具」**重新绘制路径，直至满意为止。

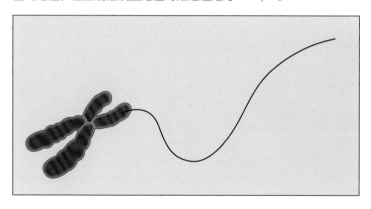

2. 在打开的**「画笔」**面板中选择艺术画笔 1，为路径添加 DNA 的外观。打开**「描边」**面板，选择宽度配置文件 4，靠近染色体的一端 DNA 较粗，远离的一端较细。点击配置文件右边的纵向翻转按钮，使靠近染色体的一端 DNA 较细，远离的一端较粗，制作成 DNA 从染色体引申出来的效果。

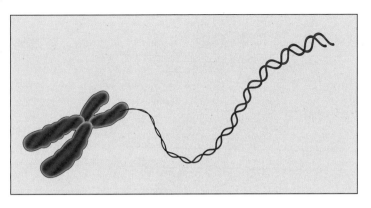

3. 选择工具栏中的「**宽度工具**」，对 DNA 路径靠近染色体的一端稍加宽，使得 DNA 的舒展更加流畅。

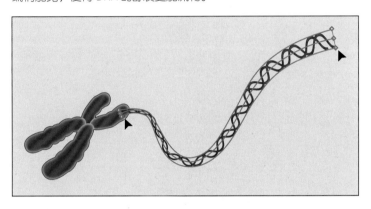

最后使用「**选择工具**」选择染色体，鼠标右键将其排列置于顶层，完成插图的绘制。

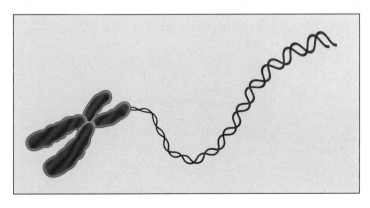

实例二、RNA

双击打开素材「0502.ai」。

实例知识点

添加锚点
再次变换的应用
吸管工具的应用

最终效果图

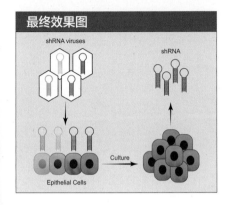

◆ 绘制 RNA

1. 选择工具栏中的**「椭圆工具」**，按着 Shift 键不放，绘制一个大小约为"宽 6.5 mm、高 6.5 mm"的正圆，在控制栏设置填充颜色为"无"，描边颜色为"黑色"，描边粗细为"1.5 pt"。切换到**「矩形工具」**，绘制一个大小约为"宽 3.3 mm、高 13 mm"的矩形，在**「描边」**面板里设置端点为"圆头端点"，边角为"圆角连接"。

2. 选择工具栏中的**「选择工具」**，将矩形拖动到正圆的下方，使两者有交集。框选按着 Shift 键加选正圆，点击正圆使其成为对齐的关键对象，在控制栏选择水平居中对齐。

3. 在正圆与矩形为选定的状态下，打开**「路径查找器」**面板，选择形状模式中的联集，形成一个类似发夹的闭合路径。

4. 选择工具栏中的**「钢笔工具」**，将钢笔光标移动到闭合路径的底边上，右下角的"*"号会变成"+"号，此时会出现荧光色的"路径"或"交叉"二字。点击则出现荧光色的"锚点"二字，表示已经在闭合路径的底边上添加了一个锚点。同时钢笔光标右下角的"+"号会成为"−"号，若点击鼠标则会删除此锚点。

5. 此时闭合路径底边上的新锚点在选择的状态下，直接按 Delete 键删除底边，绘制好 shRNA 外轮廓。

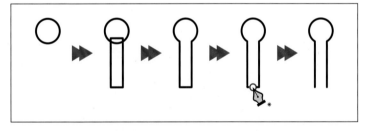

6. 选择工具栏中的**「直线段工具」**，利用智能参考线，将十字光标放在"茎环"与垂直边的交界下方，会出现荧光色的"交叉"二字，按着 Shift 键，拖动鼠标至右边的垂直线上，绘制出一段水平直线段，该直线段表示碱基配对，圆弧则表示碱基不配对。

7. 切换到**「选择工具」**，鼠标点击并向下拖动水平直线，同时按着 Alt+Shift 键，垂直移动"8.5 mm"，复制出另一条水平直线。按快捷键 Ctrl+D，进行再次变换，复制若干条向下移动相同距离的水平直线，完成 shRNA 的绘制。框选整个 shRNA，鼠标右键进行编组，在控制栏设置描边颜色为"绿色"。

8. 选择绿色的 shRNA，将其拖动到绿色的上皮细胞正上方，利用 Alt 键与 Shift 键，复制三个水平居中对齐的 shRNA，分别置于另外三个上皮细胞的正上方，分别将其描边颜色设置为"橙色""红色""紫色"。可利用对齐功能，使 shRNA 与上皮细胞垂直居中对齐。

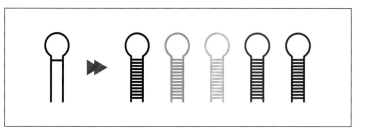

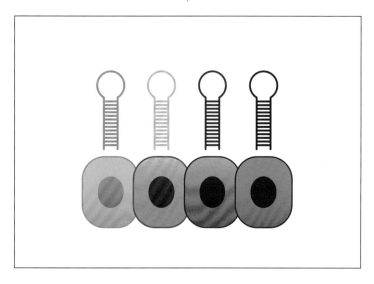

◆ 绘制 shRNA 病毒

1. 选择工具栏中的「**多边形工具**」（■），鼠标在画板上点击弹出「**多边形**」设置面板，设置半径为"10 mm"，保持默认边数为"6"，点击确定，绘制一个正六边形。按键盘上的字母"D"，设置正六边形为默认的填充颜色与描边颜色，在「**描边**」面板中设置边角为"圆角连接"。

2. 选择工具栏中的「**选择工具**」，将光标放在正六边形定界框的边角上，出现一个双箭头的符号，按着 Shift 键，使正六边形旋转90°。

3. 切换到「**直接选择工具**」，框选正六边形下方的三个角，即选择上锚点。再次按着 Shift 键，鼠标向下拖动，移动约"7 mm"，先放开鼠标后按 Shift 键，完成病毒外壳的绘制。

💡 **Tip**

鼠标点击并按着「**矩形工具**」不放，会出现隐藏工具，「**多边形工具**」就在这其中。

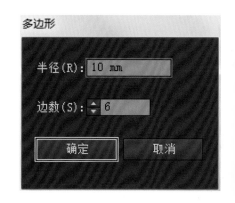

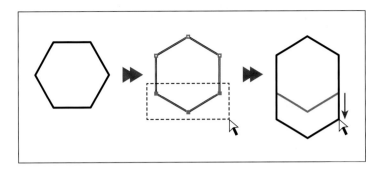
4. 选择工具栏中的「**选择工具**」，利用 Alt 键复制橙色的 shRNA，点击鼠标右键将其排列置于顶层。按 Shift 键加选六边形的病毒轮廓，使两者水平居中对齐、垂直居中对齐。

5. 水平向右拖动 shRNA 病毒，同时按着 Alt+Shift 键，移动约 "20 mm"，复制另一个 shRNA 病毒。框选这两个病毒，向左下方拖动，同样按着 Alt 键与 Shift 键，45° 角移动约 "dx:−10 mm dy:19 mm"（横向为 −10mm，纵向为 19mm）复制另外两个病毒。

6. 鼠标点击空白处取消选择，选择第二个 shRNA。选择「**吸管工具**」，点击紫色的 shRNA，吸取其描边颜色。对左下方两个 shRNA 进行相同操作，利用「**吸管工具**」使四个病毒的 shRNA 颜色各不同。使用「**选择工具**」框选四个 shRNA 病毒，点击鼠标右键进行编组，拖动到画板中相应的位置，完成 shRNA 病毒的绘制。

Note

选择「**吸管工具**」时，按着 Ctrl 键不放，可临时切换到「**选择工具**」，可以实现工具间的快速转换。

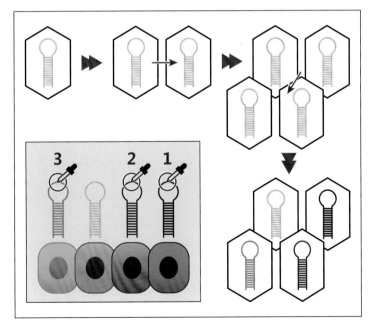

最后利用 Alt 键复制若干个紫色的 shRNA 病毒，放在插图右上方，添加箭头与文字，完成插图。

实例三、标注 DNA

双击打开素材「0503.ai」。

实例知识点

波纹效果的应用
扩展外观
剪刀工具的应用

◆ 绘制 DNA

1. 选择工具栏中的「**直线段工具**」，按 Shift 键绘制一条约 80 mm 的水平直线段，在控制栏设置填充颜色为"无"，描边颜色为"C=35，M=60，Y=80，K=25"，描边粗细为"1.5 pt"，描边端点为"圆头端点"。

2. 点击菜单栏中「**效果**」>「**扭曲和变换**」>「**波纹效果**」，在弹出的波纹效果选框里，勾选预览查看效果，设置大小为"0.9 mm"，每段的隆起数为"22"，设置点为"平滑"，直线添加了波纹外观，点击确定。

3. 选择工具栏中的「**选择工具**」，点击波浪线向右拖动，同时按着 Shift+Alt 键，使波浪线水平复制并移动约"2.2 mm"，即完成 DNA 的绘制。

最终效果图

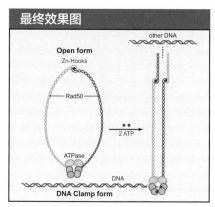

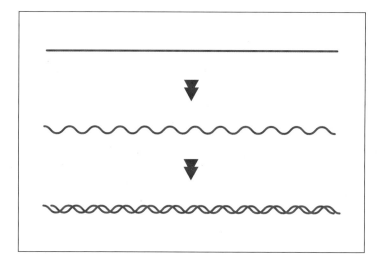

波纹效果

◆ 绘制带标注颜色的 DNA

1. 选择工具栏中的「**选择工具**」，框选 DNA，点击菜单栏中「**对象**」>「**扩展外观**」，将波纹效果的直线变为波浪线。

2. 光标移至视图外框 Y 轴的标尺上，鼠标点击拖出一垂直参考线，移动至 DNA 的右端，再拖出另一条放在上一参考线的旁边，两参考线之间的 DNA 作为特殊的 DNA 片段。

3. 选择工具栏中的「**剪刀工具**」，在参考线与 DNA 链相交的点上点击鼠标左键，两条 DNA 链分别剪出一小段 DNA 片段。切换回「**选择工具**」，选择两条 DNA 片段，在控制栏设置描边颜色为"C=70，M=15，Y=0，K=0"，完成 DNA 长链的绘制，拖动到画板中下方合适的位置。

📝 *Note*

若没有显示标尺，点击菜单栏中「**视图**」>「**标尺**」>「**显示标尺**」。鼠标右键出现的快捷菜单，可以对参考线进行隐藏与显示、锁定或解锁等操作。解除锁定参考线后，可以进行移动、删除等编辑。

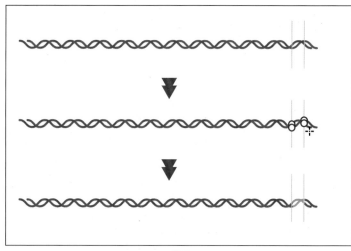

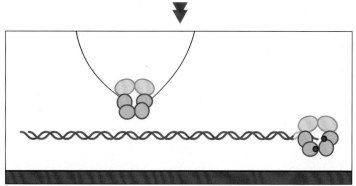

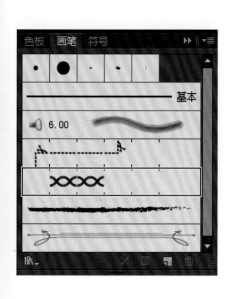

◆ 制作 DNA 画笔

1. 选择工具栏中的「**直线段工具**」，按着 Shift 键绘制一条约 4 mm 的水平直线段，设置填充颜色为"无"，描边颜色为深红色 "C=50，M=90，Y=82，K=22"，描边的端点为"平头端点"即可。

2. 选择工具栏中的「**选择工具**」，选择新绘制的直线段，添加波纹效果，点击菜单栏中「**编辑**」>「**复制**」，再选择一次「**编辑**」>「**粘贴**」在前面。按着 Shift 键，将直线旋转 180°，形成 DNA 的单元片段。打开「**画笔**」面板，框选 DNA 的单元片段，将其拖动到「**画笔**」面板中，选择新建图案画笔，点击确定，在弹出的图案画笔选框中，选项保持默认，点击确定，制作完成 DNA 的图案画笔。

3. 选择工具栏中的「**直线段工具**」，按着 Shift 键绘制一条约 60mm 的垂直直线段，点击「**画笔**」面板中新建的图案画笔 1，得到一条垂直 DNA 链。点击菜单栏中「**对象**」>「**扩展外观**」，对 DNA 作进一步的编辑。

4. 双击选择工具栏中的「**铅笔工具**」，设置铅笔工具选框里容差的平滑度为"30%"，保持其他选项在默认情况下即可，点击确定。在 DNA 链的上方绘制一个月牙形的 DNA 链，作为 DNA 的末端。切换到「**选择工具**」，框选整条 DNA 链，点击鼠标右键进行编组。按 Alt 键复制另一条 DNA 链，设置描边颜色为橙色"C=0，M=50，Y=100，K=0"。将这两条链拖动放在画板中合适的位置，使其水平对齐。

5. 框选两条 DNA 链进行复制，按着 Shift 键，旋转 180°，分别使复制的 DNA 链与原来的 DNA 链的末端相连，如同相互勾住。选择「**直接选择工具**」，鼠标框选复制的 DNA 链的上半部分，按 Delete 键将其删掉，完成这部分插图的绘制。选择「**选择工具**」，框选绘制好 DNA 链，拖动到画板中右侧部分，并排列置于底层。

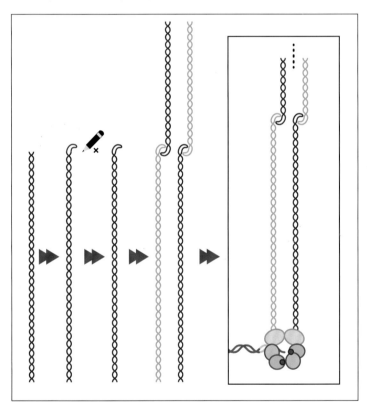

6. 分别选择右下方两条 DNA 长链，将其拖进「**画笔**」面板中，创建艺术画笔 1 与艺术画笔 2，在弹出的艺术画笔选框中，选项保持默认，点击确定即可，在「**画笔**」面板中出现新的艺术画笔 1 与艺术画笔 2。

7. 选择 Zn-Hooks 右下方的弧线，点击画板中的艺术画笔 1，弧线添加上了 DNA 链的外观。选择工具栏中的「**宽度工具**」，使 DNA 链的下方变得较细一些，使得整体更有空间感。同样选择 Zn-Hooks 左下方的弧线，应用艺术画笔 2，完成插图的中间部分。

补充插图的其他元素，加添文字及箭头，完成插图。

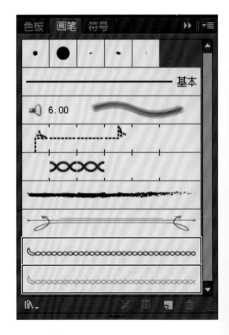

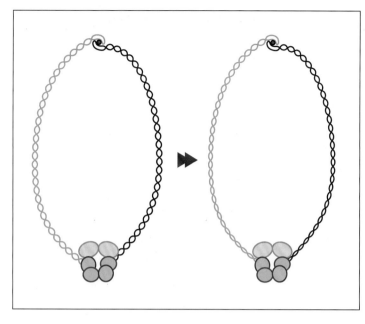

延伸知识：关于画笔

画笔可使路径具有各式各样的外观，可将画笔描边应用于现有的路径，也可使用「画笔工具」绘制路径的同时应用画笔描边。Illustrator 中有不同的画笔类型：书法画笔、散点画笔、艺术画笔、图案画笔和毛刷画笔。在插图中常用的有以下三种：

散点画笔：将一个对象（如一只瓢虫或一片树叶）的许多副本沿着路径分布。

艺术画笔：沿路径长度均匀拉伸画笔形状或对象形状。

图案画笔：绘制一种图案，该图案由沿路径重复的各个拼贴组成。图案画笔最多可以包括五种拼贴，即图案的边线、内角、外角、起点和终点。

散点画笔

图案画笔

实例四、立体 DNA

双击打开素材「0504.ai」。

◆ 绘制立体效果 DNA 基本元素

1. 选择工具栏中的「**直线段工具**」，按着 Shift 键，绘制一条宽约为 "10 mm" 的水平直线。在控制栏设置填充颜色为 "无"，描边颜色为 "深蓝色"。

2. 点击菜单栏中「**效果**」>「**扭曲和变换**」>「**波纹效果**」，在弹出的波纹效果选框里，勾选预览查看效果，设置大小为 "4.25 mm"，每段的隆起数为 "0"，设置点为 "平滑"，直线为半个波纹线的形状，点击确定。点击菜单栏中「**对象**」>「**扩展外观**」，将波浪效果的直线变为半个波浪的曲线。

3. 选择工具栏中的「**选择工具**」，点击波浪曲线向右拖动，同时按着 Shift+Alt 键，使波浪线水平复制并移动约 "3 mm"。

4. 利用「**选择工具**」框选两条曲线，鼠标右键选择连接，两条曲线的下端连接在一起。再进行一次连接操作，使两条曲线的上端连接在一起，形成一个封闭的图形，这是绘制立体 DNA 的基本元素。

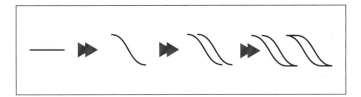

◆ 绘制立体效果的 DNA

1. 选择上一步骤绘制好的基本元素，在控制栏设置填充颜色为 "深蓝色渐变"。

2. 鼠标右键选择「**排列**」>「**对称**」，弹出镜像选框，选项保持默认，即使封闭图形轴对称。勾选预览查看效果，点击复制，复制一份轴对称后的图形，两个图形的摆放位置如下图，整体形似一个字母 "X"。

3. 此时复制的图形依然在选择的状态下，在控制栏设置填充颜色为 "深蓝色"。

最终效果图

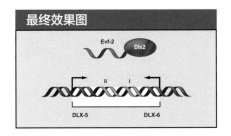

波纹效果

📝 Note

鼠标右键选择连接的操作，相当于点击菜单栏中「**对象**」>「**路径**」>「**连接**」，快捷键为 Ctrl+J。

镜像

4. 选择渐变色的图形，按着 Shift 键将其水平向右移动约"10.4 mm"，相连组合形成一个"波峰"。

5. 框选"波峰"，向右拖动的同时按着 Alt+Shift 键，使其水平向右移动约"7.5 mm"，复制得到另一个"波峰"。按着 Alt+Shift 键，水平向右移动且进行复制。

6. 选中两个"波峰"，向右拖动的同时按着 Alt+Shift 键，使其水平向右移动约"20.6 mm"，使复制的两个"波峰"左端与原"波峰"的右端相连，形成"波峰—波谷"，如同螺旋形的 DNA 链。

7. 在不作其他操作的情况下（包括点击），按快捷键 Ctrl+D 进行再次变换两次，将 DNA 链延长。

8. 此时深蓝色的基本图形在上方，若需要在视觉上形成双螺旋 DNA 链，深蓝色的图形应该在渐变色的图形下方。可以利用 Shift 键，加选所有的渐变色的图形，鼠标右键将其排列置于顶层，立体的双螺旋 DNA 效果就会显现出来，将其移动到插图中合适的位置。

9. 可以利用 Shift 键，加选 DNA 链中间的四个图形，在控制栏设置填充颜色为"草绿色渐变"，描边颜色为"暗绿色"。

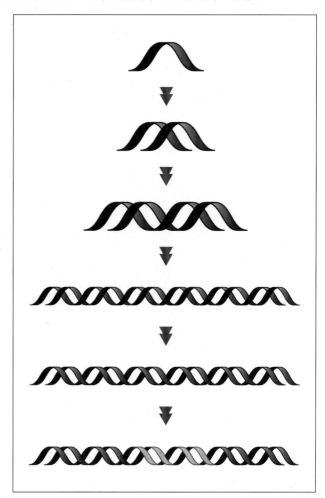

延伸知识：AI 快速选择功能

选择类似的对象，Illustrator 有快速进行选择的功能。在菜单栏中选择命令有多种选择的方式，可以选择属于某一特定类型或共享某些特定属性的所有对象。

另外，工具栏中的「魔棒工具」可通过单击对象来选择具有相同形式的其他对象。

快速选择渐变色图形的操作：

方法一：使用「选择工具」选择其中一个渐变色图形，点击菜单栏中「选择」>「相同」>「填色和描边」/「填充颜色」，则选择上所有的渐变色图形，可以对其进行编辑。

方法二：选择「魔棒工具」，点击其中一个渐变色图形，即选择上所有的渐变色图形，可以对其进行编辑。双击「魔棒工具」，在弹出的选框中，可设置选择具有相同的填充颜色、描边颜色、描边粗细、不透明度或混合模式的对象。在默认情况下，使用「魔棒工具」选择的是具有相同填充颜色的对象，容差为"20%"。

◆ 突出 DNA 链

1. 选择工具栏中的「矩形工具」，在第一个蛋白偏左边的 DNA 处拖动鼠标，绘制一个大小约为"宽 78 mm、高 17 mm"的矩形，按键盘上的字母"D"，快速设置默认的填色和描边，去除描边，鼠标右键将其排列置于底层。切换到「选择工具」，使白色填充的矩形放置在合适的位置，点击空白处，取消选择白色矩形。

2. 选择工具栏中的「钢笔工具」，利用智能参考线，沿着白色矩形下方框绘制一个流程框。描边色设置为黑色。

💡 *Tip*

在控制栏中的最右边有选择类似的对象的小图标（▥▾），可以快速选择全部对象、相同的填充颜色、描边颜色、填充和描边颜色、描边粗细、不透明度外观等。

练习核酸单链及蛋白的绘制，添加箭头及文字，完成插图。

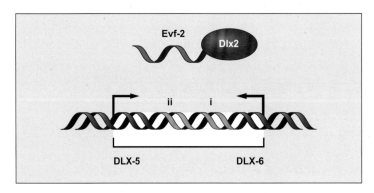

实例五、DNA 链

双击打开素材「0505.ai」。

◆ 制作 DNA 链

实例知识点

宽度配置文件的应用
路径查找器——分割
建立不透明蒙版

最终效果图

1. 选择工具栏中的「**直线段工具**」，在画板外点击一下，弹出直线段工具选项框，设置长度为"180 mm"，其他选项保持默认情况即可，点击确定，生成一条没有描边颜色的直线段。在控制栏设置描边颜色为"蓝色"。

2. 点击菜单栏中「**效果**」>「**扭曲与变换**」>「**波纹效果**」，勾选预览，设置选项中大小为"2 mm"，每段的隆起数为"0"，设置点为"平滑"，点击确定。设置描边粗细为"3 pt"，变量宽度配置文件"宽度配置文件 1"，使波浪线的外观为两头尖，中间粗。

3. 点击菜单栏中「**对象**」>「**路径**」>「**轮廓化描边**」，使描边变为填充。鼠标右键选择「**变换**」>「**对称**」，在弹出的镜像选框中，选择垂直对称，其他选项保持默认情况即可，点击复制，复制一条波浪线，设置其填充颜色为"深蓝色"。选择「**选择工具**」，按着 Shift 键，将深蓝色的波浪线水平向右移动约"4.4 mm"，使两条波浪线的上端重叠。

4. 选择工具栏中的「**直线段工具**」，按着 Shift 键，在蓝色的波浪线偏上位置绘制一条水平直线段，使其横穿波浪线，设置描边颜色为"黑色"。按着 Alt 键鼠标拖动直线段，向下移动约"5 mm"，按快捷键 Ctrl+D 再变换两次，确保每条直线段均横穿波浪线，为后面制作 DNA 的高光作准备。

5. 选择工具栏中的「**选择工具**」，框选四条直线段与蓝色波浪线。打开「**路径查找器**」面板，选择分割。在波浪线上的黑线消失，波浪线已经被分割成五小块，以编组的形式存在。由于颜色相同且没有描边，所以不能看出效果。鼠标双击波浪线，进入隔离模式，只有波浪线可以进行编辑。选择第二块片段，按着 Shift 键，加选第四块，在控制栏中设置填充颜色为"浅蓝色"，选择第三块片段，设置填充颜色为"淡色"。完成 DNA 基本元素的高光制作。鼠标双击波浪线外的地方，退出隔离模式。

6. 框选两条波浪线，向右拖动的同时按着 Alt+Shift 键，使其水平移动约 "2.7 mm"，复制出两条新的波浪线。

7. 选择工具栏中的「**直线段工具**」，按着 Shift 键，在第二条深蓝色波浪线右下端点击并向上拖动，绘制一条高约 "2.5 mm" 的垂直直线段，在控制栏设置描边颜色为 "黑色"，描边粗细为 "0.5 pt"，描边的端点为 "圆头端点"。绘制的直线段作为 DNA 链之间的碱基连接。

8. 切换到「**选择工具**」，按着 Alt 键，向右上方拖动直线段，复制一条直线段，按快捷键 Ctrl+D 再次变换，得到第三条直线段。利用 Shift 键加选另外两条直线段，鼠标右键进行编组。再次点击鼠标右键选择「**变换**」>「**对称**」，在弹出的镜像选框中，点击复制即可，复制了一份垂直镜像对称的直线段组。按着 Shift 键将复制的直线段拖动到具有高光的波浪线之间，选择具有高光的两条波浪线，鼠标右键使其排列置于顶层，完成 DNA 链的基本元素。

9. 框选 DNA 链基本元素，向左拖动并按着 Alt+Shift 键，使其水平移动约 "8.85 mm" 并复制，具有高光的波浪线右下端会与深蓝色波浪线的左下端重叠在一起。按快捷键 Ctrl+D 再次变换四次，形成 DNA 双螺旋链。框选 DNA 双螺旋链，鼠标右键进行编组。

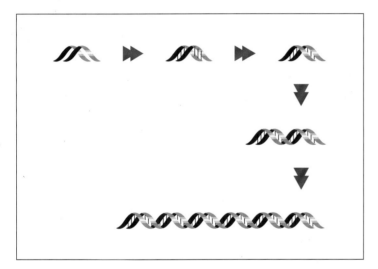

◆ 制作 DNA 画笔

1. 打开「**画笔**」面板，将制作好的 DNA 双螺旋链拖到「**画笔**」面板中，在弹出的「**新建画笔**」面板中选择艺术画笔，点击确定，在弹出的艺术画笔选项中，点击确定即可，在「**画笔**」面板中新建了 "艺术画笔 1"。

2. 双击选择工具栏中的「**铅笔工具**」，在弹出的铅笔选框中设置容差里的平滑度为 "30%"，点击确定即可。在核小体链的左下端绘制一条弯曲的路径，使曲线与核小体链末端连接起来。在控制栏

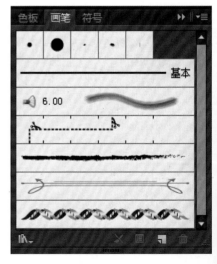

设置路径的描边粗细为"1 pt"。点击画板工具中的艺术画笔1，为路径应用上 DNA 双螺旋链的外观。

3. 选择工具栏中的「**宽度工具**」，将曲线最右端的宽度缩小为几乎一条线，与核小体链刚好连接起来。将曲线最左端的宽度稍增大，同样在曲线的中间也稍增大路径的宽度，使得双螺旋 DNA 链流畅地从核小体链中引申出来。选择工具栏中的「**选择工具**」，框选 DNA 链与核小体链，点击鼠标右键将其编组。

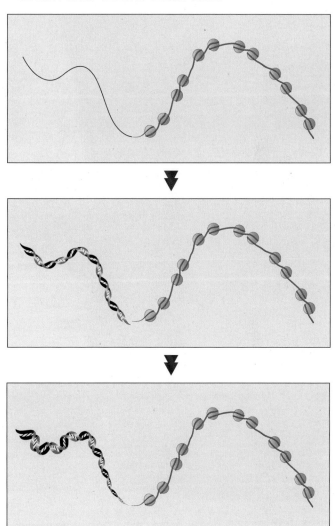

◆ 建立不透明蒙版

插图中的 DNA 链与核小体链已经绘制完成，相当于插图已经完成。为了插图更加美观与生动，DNA 链与核小体链编组的左端与右端设置一定的透明度，给人营造一种插图中 DNA 链与核小体链都只展现了一部分的感觉，DNA 链与核小体链还在不断延伸。这里需要使用「**透明度**」面板中的建立不透明蒙版。

1. 选择工具栏中的「**矩形工具**」，绘制一个宽与高都比双螺旋 DNA 链与核小体链整体稍大的矩形，使得矩形完全遮罩住双螺旋 DNA 链与核小体链，在控制栏设置填充颜色为"白色，黑色"。打开右栏的「**渐变**」面板，将黑色渐变滑块稍向左移动，将白色渐变滑块拖动到右边靠近黑色渐变滑块。按着 Alt 键，点击并拖动黑色渐变滑块至靠近左边，同样复制白色渐变滑块靠近左边的黑色渐变滑块，得到一个两边黑色向中间渐变到白色的大矩形。

2. 选择工具栏中的「**选择工具**」，框选大矩形与 DNA 链、核小体链编组。设置两者水平居中对齐，打开右栏的「**透明度**」面板（◉），点击按钮制作蒙版，黑白渐变的矩形消失，DNA 链、核小体链编组两端变得透明，中间的 DNA 链、核小体链编组完全显现出来，完成不透明蒙版的建立。

📝 **Note**

可以使用不透明蒙版与蒙版对象来更改图稿的透明度。如果不透明蒙版为白色，则会完全显示图稿。如果不透明蒙版为黑色，则会隐藏图稿。蒙版中的灰阶会导致图稿中出现不同程度的透明度。

注：这里的蒙版对象指黑白渐变的大矩形。

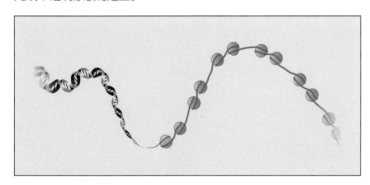

延伸知识：编辑蒙版对象

选择至少两个对象或组，点击「**透明度**」面板中的制作蒙版，相当于在「**透明度**」面板菜单中选择建立不透明蒙版。最上方的选定对象或组将用作蒙版。

建立不透明蒙版后图稿，可以进行编辑蒙版对象：单击「**透明度**」面板中的蒙版对象缩览图（右缩览图）。使用任何 Illustrator 编辑工具和技巧来编辑蒙版，如编辑大小、设置渐变效果等。单击「**透明度**」面板中被蒙版的图稿缩览图（左缩览图）以退出蒙版编辑模式。

💡 **Tip**

选择建立不透明蒙版后图稿，「**透明度**」面板中的制作蒙版按钮会变成释放按钮，点击会将蒙版对象释放。

实例六、DNA 解链

双击打开素材「0506.ai」。

◆ 制作 DNA 画笔

本节继续使用实例五绘制的 DNA 链元素，尝试改变其颜色，可作为新的元素。

1. 选择工具栏中的「**选择工具**」，框选 DNA 链的基本元素，按着 Shift 键分别点击两组直线段，减选碱基配对。打开右栏的「**颜色参考**」面板，点击右下角的编辑颜色图标，弹出重新着色图稿选框，在右栏的颜色组里选择颜色组 1，当前的颜色将会一一替换为新建的颜色，点击确定。蓝色调的 DNA 链元素变为黄色调，鼠标点击空白处取消选择。

2. 选择深褐色的两条波浪线，在控制栏设置描边颜色为颜色组 1 中最后一个色块，描边粗细为 "0.25 pt"。选择具有高光的两条波浪线，按快捷键 Ctrl+C 进行复制，接着按快捷键 Ctrl+F 粘贴在前面，打开「**路径查找器**」，选择联集，鼠标右键取消编组，填充颜色为 "无"，描边参数与深褐色的两条波浪线一致，两条高光波浪线的外描边制作完毕。

3. 框选 DNA 链基本元素，水平向右复制一份，使得具有高光的波浪线右下端会与深色波浪线的左下端重叠在一起。按快捷键 Ctrl+D 再次变换五次，形成 DNA 双螺旋链。

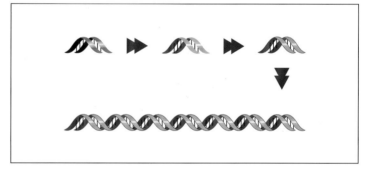

4. 打开右栏的「**画笔**」面板，框选 DNA 双螺旋链，将其拖进画板中，选择艺术画笔，点击确定，在弹出的艺术画笔选项框继续点击确定即可，创建艺术画笔 1。

5. 选择 DNA 链的一个 "波峰"，按着 Alt 键复制一份。再次打开「**重新着色**」样稿选框，将当前颜色替换为颜色组 2，点击确定，使波浪线的色调更加明亮。鼠标点击空白处，取消选择两条波浪线。

6. 选择重新着色后的具有高光效果的波浪线（包括描边），按着 Shift 键逆时针将波浪线旋转 45°，使得波浪线水平放置。打开「**画**

实例知识点

重新着色图稿
制作画笔
扩展外观——制作阴影

最终效果图

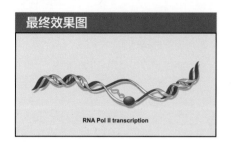

RNA Pol II transcription

💡 *Tip*

在「**重新着色**」面板中，指定状态下，当前颜色只有四种，而在颜色组 1 中却有五种颜色，颜色组 1 中最后一种颜色没有应用上。当前颜色少于选择的颜色组时，颜色组中排在后面多余的颜色不会被应用上。当前颜色多于选择的颜色组时，系统将自动将选择的颜色组中一种颜色变为几种颜色，对应上当前颜色。

另外，选择新建的颜色，可以在面板下方编辑单独的色块。

笔」面板，将其拖进「画笔」面板中，创建艺术画笔 2。对另外一条深色调的波浪线作同样的操作，使其旋转至水平放置，拖进「画笔」面板中，创建艺术画笔 3。

◆ 绘制 DNA 解链状态

1. 双击选择工具栏中的「**铅笔工具**」，在弹出的铅笔工具选项框设置保真度为 "15" 像素，平滑度为 "70%"，点击确定。在画板中绘制一条波浪形状的曲线，在控制栏设置描边粗细为 "1.5 pt"。

2. 曲线选择的状态下，在打开的「**画笔**」面板中，选择新建的艺术画笔 1，为曲线添加上 DNA 双螺旋链的外观。点击菜单栏中「**对象**」>「**扩展外观**」，将曲线变为实在的 DNA 双螺旋链，可对DNA 链进行编辑。扩展外观后的 DNA 链为编组状态，点击鼠标右键选择取消编组。

3. 选择工具栏中的「**选择工具**」，将 DNA 双螺旋链中部片段删去，将作为 DNA 解链的位置。

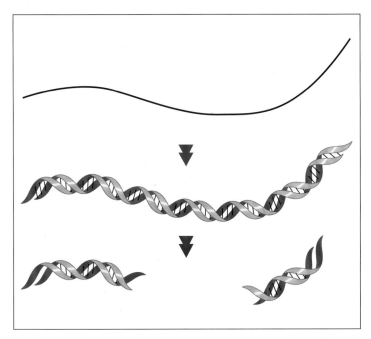

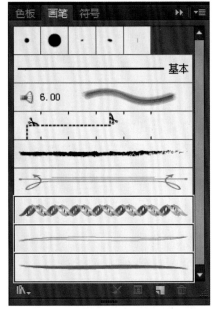

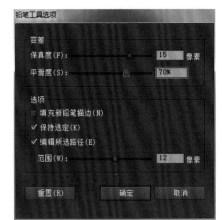

4. 选择工具栏中的「**铅笔工具**」，在两个 DNA 片段断开处，按顺序绘制四条波浪形状的曲线，绘制大概的形状即可，设置描边粗细为 "1 pt"。

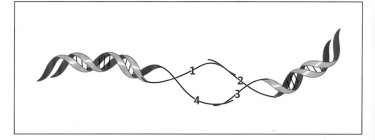

5. 切换为「**选择工具**」，选择曲线 1 与曲线 3，打开「**画笔**」面板，选择艺术画笔 3，添加上深色的波浪线外观。选择曲线 2 与曲线 4，选择艺术画笔 2，添加上具有高光效果的波浪线外观。框选四条曲线，鼠标右键将其排列置于底层。

6. 选择工具栏中的「**直接选择工具**」，调整曲线的锚点与手柄，使两条 DNA 链顺畅地连接起来。

7. 切换为「**选择工具**」，框选四条曲线，点击菜单栏中「**对象**」>「**扩展外观**」，将曲线的外观扩展成为实在的波浪线对象。框选整个 DNA 链解链处，在控制栏处设置整个 DNA 链的描边粗细为"0.5 pt"，点击鼠标右键进行编组，点击空白处取消选择。完成 DNA 链解链状态的绘制。

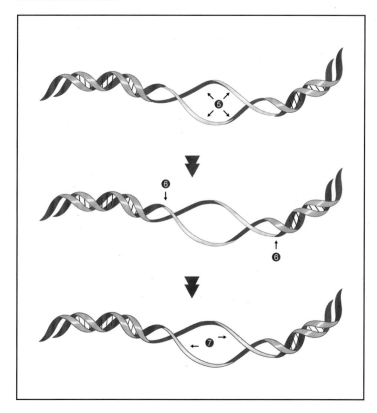

◆ 绘制 RNA 聚合酶 II 转录

1. 双击选择工具栏中的「铅笔工具」，在弹出的铅笔工具选项框设置保真度为"3"像素，平滑度为"50%"，点击确定。在 DNA 解链的位置绘制一条波浪曲线，在控制栏设置描边粗细为"2 pt"，描边端点为"圆头端点"。点击菜单栏中「对象」>「路径」>「轮廓化描边」，设置填充颜色为"蓝色"，描边颜色为"深蓝色"，描边粗细为"0.75 pt"，完成转录的 RNA 链的绘制。

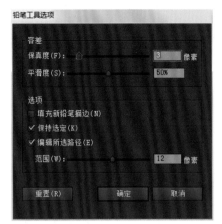

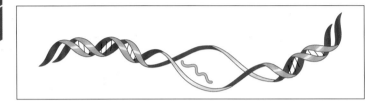

2. 选择工具栏中的「椭圆工具」，在解链 DNA 处绘制一个大小约为"宽 6.5 mm、高 5 mm"的椭圆，在控制栏设置填充颜色为"灰色径向渐变"，描边颜色为"灰色"，描边粗细为"0.75 pt"。选择「渐变工具」，将渐变批注者的大小调整为椭圆的 1 倍，将渐变中心拖动到椭圆的左上角，完成 RNA 聚合酶 II 的绘制。切换到「选择工具」，将 RNA 聚合酶 II 与多肽链拖放到合适的位置。

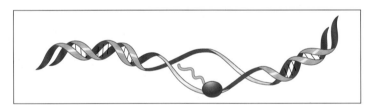

3. 框选全部对象，点击鼠标右键进行编组。按快捷键 Ctrl+C 进行复制，按快捷键 Ctrl+B 粘贴在后面，按键盘的向下方向键五下，向右方向键两下。打开「路径查找器」，选择联集。在控制栏中设置填充颜色为"灰色"，描边颜色为"无"，不透明度为"40%"，完成投影的绘制。

框选 DNA 与投影，鼠标右键进行编组，将其水平与垂直居中对齐画板。最后添加文字，同样使其垂直居中对齐画板，完成插图。

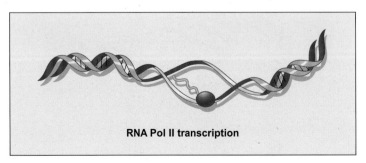

RNA Pol II transcription

Chapter 6
染色体

实例一、DNA

双击打开素材「0601.ai」。

◆ 绘制 DNA

1. 选择工具栏中的「**直线段工具**」，按着 Shift 键，绘制一条宽约为 "82 mm" 的水平直线，在控制栏设置描边颜色为 "蓝色"，描边粗细为 "6 pt"，描边的端点为 "圆头端点"。

最终效果图

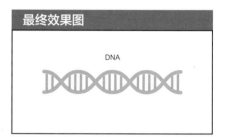

2. 点击菜单栏中「**效果**」>「**扭曲与变换**」>「**波纹效果**」，在弹出的波纹效果框里勾选预览，查看在画板中直线的波纹效果，设置波纹大小为 "6 mm"，每段的隆起数为 "3"，点设置为 "平滑"。点击确定，得到一条蓝色的波浪线。

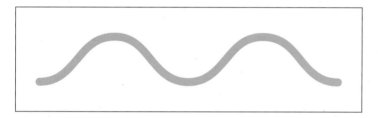

3. 点击菜单栏中「**编辑**」>「**扩展外观**」，将波浪效果的波浪线扩展为曲线路径的波浪线。在控制栏中将参考点设置在正中间，点击鼠标右键选择「**变换**」>「**对称**」，在弹出的镜像选框中设置轴为 "水平" 对称，勾选预览，查看变换的效果，点击复制并退出镜像选框。

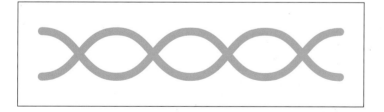

4. 继续使用「**直线段工具**」，按着 Shift 键，将十字光标放在上方波浪线的路径上，拖动鼠标至下方波浪线的路径上，绘制出一条垂直的直线段，作为 DNA 的碱基连接。在控制栏设置面板描边颜色为 "灰色"，描边粗细为 "4 pt"。在第一条的直线段的右边绘制第二条稍短的垂直直线段，同样使直线段的两端点在波浪线的路径上。

5. 选择工具栏中的「**选择工具**」，按着 Shift 键，加选第一条直线段，鼠标右键将其排列置于底层。按着 Alt+Shift 键，将两条直线段水平移动并复制到两条波浪线波峰的右侧。点击鼠标右键选择「**变换**」>「**对称**」，选择垂直轴对称，点击复制。按键盘上的向左的方向键，将对称复制的两条直线移动到合适的位置，使得四条直线的间距相近，同时确保直线段刚好都在两波浪线之间。利用 Alt+Shift 键，快速进行复制，完成 DNA 链。

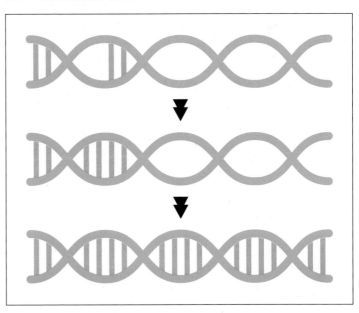

💡 **Tip**

点击「**窗口**」>「**对齐**」，即可打开「**对齐**」面板，快捷键为 Shift+F7。

6. 利用「**选择工具**」，框选整个 DNA，点击鼠标右键进行编组。打开「**对齐**」面板，将对齐方式设置为对齐画板，在对齐对象里选择水平居中对齐、垂直居中对齐。利用「**文字工具**」，添加上字体，同样使其水平居中对齐画板，完成插图。

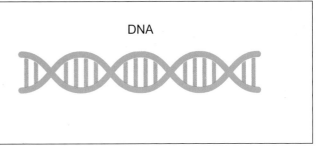

延伸知识：绘制相互交错效果的 DNA 链

利用两条不同颜色波浪线条，制作出简单的具有相互交错效果的 DNA 链，只需要用到「剪刀工具」，再调整各元素之间的排列顺序，即可快捷制作出两条 DNA 链有交错的效果。

1. 复制已经绘制好的两条 DNA 链（不含碱基），或者重复绘制 DNA 的步骤 1~3。利用「选择工具」框选两条 DNA 链，将描边粗细设置为 "9 pt"。选择 "W" 形状的波浪线，双击工具栏里的描边，弹出拾色器。移动中间的色谱柱的颜色滑块，可以选择色谱，在色谱柱左边的色域方框中可以选择颜色的饱和度。选择一种新的颜色，点击确定。

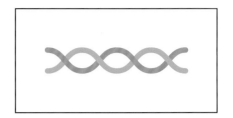

2. 选择工具栏中的「剪刀工具」，在 "W" 形状的波峰与波谷均剪断。切换为「选择工具」，选择第二段与第四段剪切的波浪线，鼠标右键将其排列置于底层，完成具有相互交错效果的 DNA 链。

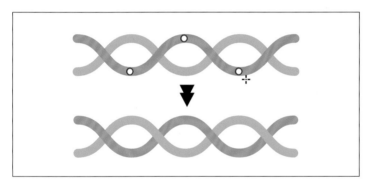

3. 利用「选择工具」选择 DNA 链的一个单元，将其描边端点设置为 "平头端点"。打开「画笔」面板，将 DNA 链拖进「画笔」面板中，创建图案画笔 1。选择工具栏中的「椭圆工具」，利用 Shift 键绘制一个大小约为 "宽 30 mm、高 30 mm" 的正圆，选择「画笔」面板中的图案画笔 1。在控制栏中设置描边粗细，可改变 DNA 链的大小。设置正圆的描边粗细为 "0.25 pt"，得到环状的 DNA 链。

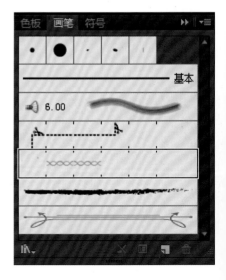

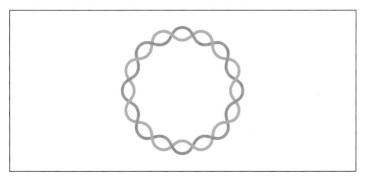

实例二、核小体

双击打开素材「0602.ai」。

实例知识点

路径查找器的应用
轮廓视图的应用
使用钢笔工具绘制弧线

最终效果图

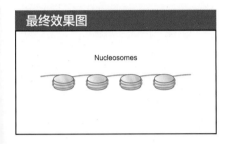

Nucleosomes

◆ 绘制组蛋白

1. 选择工具栏中的「**矩形工具**」，在画板空白处点击一下，在弹出的矩形框里设置"宽 12 mm、高 4 mm"，点击确定，绘制一矩形。设置矩形的填充颜色为"灰色渐变"，描边颜色为"灰色"。

2. 选择工具栏中的「**椭圆工具**」，在画板空白处点击一下，在弹出的椭圆框里设置"宽 12 mm、高 5 mm"，点击确定，绘制一个椭圆。椭圆宽度与矩形宽度相同，且填充颜色与描边颜色也相同。

3. 选择工具栏中的「**选择工具**」，利用智能参考线，将椭圆拖动到矩形的下边框上，使椭圆与矩形水平居中对齐，椭圆的中心点过矩形的下边框。按着 Alt+Shift 键，将椭圆垂直向上移动并进行复制，同样使椭圆的中心点过矩形的上边框。

4. 框选矩形与下方的椭圆，打开「**路径查找器**」面板，选择形状模式中的联集，将椭圆与矩形合并成一个形状。框选上方的椭圆与联集的图形，点击鼠标右键进行编组，完成组蛋白的绘制。

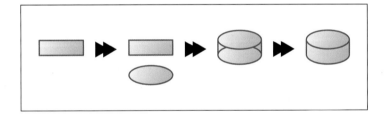

◆ 绘制 DNA

1. 选择工具栏中的「**椭圆工具**」，在画板空白处点击一下，在弹出的椭圆框里设置"宽 13.1 mm、高 5 mm"，点击确定，绘制一个比核小体稍宽的椭圆。在控制栏设置椭圆的填充颜色为"无"，描边颜色为"蓝色"，描边粗细为"2 pt"，描边端点为"圆头端点"。

2. 选择工具栏中的「**选择工具**」，将椭圆移动到组蛋白上，使椭圆的下弧线落在组蛋白"柱体"中下部，按着 Alt 键，稍向上拖动复制一个椭圆，使复制的椭圆下弧线在组蛋白的上部，靠近上方的"灰色渐变"椭圆。按着 Shift 键加选另外一个蓝色椭圆，选择打开「**变换**」面板，将椭圆旋转"2°"。框选两个椭圆与组蛋白，使其水平居中对齐。

3. 选择工具栏中的「**剪刀工具**」，分别点击两个蓝色椭圆左右两端，将椭圆剪切成两个半圆弧线。切换到「**选择工具**」，选择两个蓝色椭圆的上半弧线，将其排列置于底层，使得"蓝色的 DNA 链缠绕着组蛋白"。框选蓝色的 DNA 链与组蛋白，点击鼠标右键进行编组。

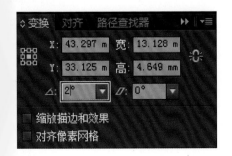

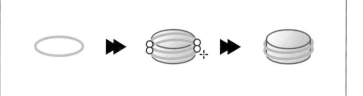

4. 选择缠绕着 DNA 链的组蛋白，利用 Alt 键，复制三份，框选所有缠绕着 DNA 链的组蛋白。打开「对齐」面板，设置对齐方式为对齐所选对象，再选择"垂直居中对齐"（如右图）。选择第一个核小体编组，将其作为对其的关键对象，在分布间距设置参数为"20 mm"，再点击水平分布间距，使得每个核小体之间相距 20 mm。

5. 按快捷键 Ctrl+Y，切换到轮廓状态。选择工具栏中的「钢笔工具」，在第一个组蛋白与下方的蓝色 DNA 链交界处点击，并向右上角拖动，建立第一个锚点。将钢笔光标移动到第二个组蛋白与上方的蓝色 DNA 链交界处，点击并向左上角拖动，建立第二个锚点。鼠标右键将其排列置于底层，作为连接两个核小体的 DNA 链。

📝 **Note**

将视图切换到轮廓状态，所有对象转换为只有轮廓的状态，没有填充颜色、描边颜色、描边粗细等外观，除去这些外观的干扰，可以更加专注对象的轮廓，便于进行编辑。

选择对象的轮廓，可将对象选择上，没有排列顺序可言，即在预览状态排列在底层的对象也可看得见其轮廓，点击或碰触其轮廓即可选择上。

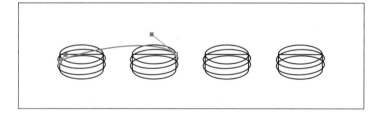

6. 选择工具栏中的「选择工具」，按着 Alt+Shift 键，利用智能参考线，将刚绘制的 DNA 链水平移动复制，新的一段 DNA 链刚好在两个核小体之间，将核小体连接起来。需要注意的是，首尾的核小体也需要有连接的 DNA 链。

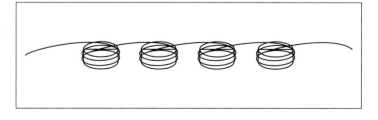

7. 按快捷键 Ctrl+Y，恢复到预览状态。选择工具栏中的「剪刀

工具」，分别点击在首尾核小体的 DNA 链路径，将 DNA 链剪断。切换回「**选择工具**」，选择左右末端的 DNA 链，按 Delete 键将其删除，使得左右两端的 DNA 链变得短一些。

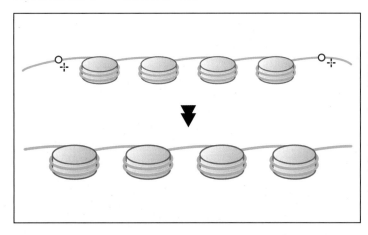

8. 框选组蛋白与 DNA，鼠标右键进行编组。设置对齐方式为对齐画板，使其水平居中与垂直居中对齐画板。使用工具栏中的「**文字工具**」，添加文字"Nucleosomes"。切换回「**选择工具**」，将文字移动到插图的上方，同样使其垂直居中对齐画板，完成插图核小体的绘制。

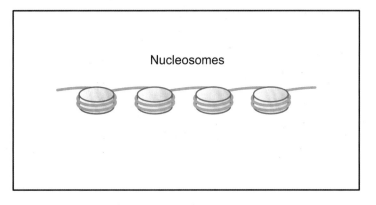

实例三：核染色质

双击打开素材「0602.ai」与「0603.ai」。

◆ 元素的重复利用

1. 选择文档「0602.ai」，点击核小体，按快捷键 Ctrl+C 进行复制。选择文档「0603.ai」，点击选择空白画板，按快捷键 Ctrl+Shift+C 就地粘贴，将文档「0602.ai」里的元素复制到文档「0603.ai」同样的位置。

2. 在文档「0603.ai」中，粘贴的核小体为编组选择状态，点击鼠标右键选择取消编组。按着 Shift 键，点击左边第一个核小体减选，同时也可说明已经取消编组。按 Delete 键，将选择的元素删除，画板中只剩下一个核小体。

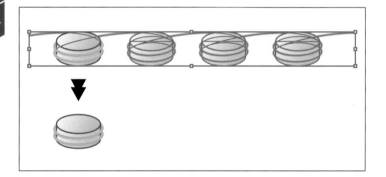

3. 选择工具栏中的「**选择工具**」，选择核小体。打开「**变换**」面板，使得约束宽度与高度比例的两条连接上，并勾选上缩放描边与效果，在宽度一栏输入"10"，按 Enter 键即可。核小体即等比例缩放至宽为"10 mm"。

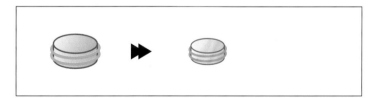

4. 使核小体保持选择的状态，双击工具栏中的「**选择工具**」，将位置里的水平一栏输入参数"11"，垂直一栏输入参数"0"，勾选预览查看效果，点击复制。核小体即水平移动"11 mm"，并进行了复制。按快捷键 Ctrl+D 再次变换五次，快速重复刚才的移动与复制操作，画板中一共有七个核小体。

实例知识点

不同文档中元素的复制与粘贴

最终效果图

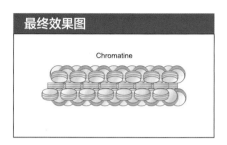

Chromatine

📝 *Note*

在一个文档中选择复制（或剪切，快捷键 Ctrl+X），在另一个文档中进行粘贴，可以使文档中的对象复制（或移动）到另一个文档。此外，选择一个文档中的对象，按着鼠标不放拖动对象到控制栏下方的另一个文档，此时鼠标左下角会出现"+"号，界面会切换到另一个文档的画布，将对象继续拖动到画布中合适的位置，松开鼠标，对象即从一个文档复制到另一个文档中。

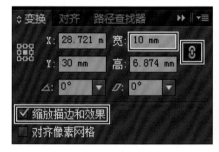

📝 *Note*

双击选择工具栏中的「**比例缩放工具**」，在选项里勾选比例缩放描边和效果，相当于在「**变换**」面板里勾选缩放描边和效果。

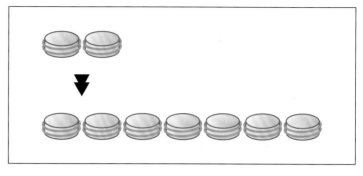

5. 按快捷键 Ctrl+Y，切换到轮廓状态。选择工具栏中的「钢笔工具」，在第一个与第二个核小体之间绘制一弧线，将两个核小体连接起来，鼠标右键将其排列置于底层。切换到「选择工具」，利用 Alt+Shift 键与快捷键 Ctrl+D 再次变换，将彼此相邻的核小体均连接起来。再按快捷键 Ctrl+Y，切换回到预览状态。

6. 选择连接核小体的弧线，选择工具栏中的「吸管工具」，点击缠绕核小体的 DNA 链，吸取其描边颜色与描边粗细。切换到「选择工具」，框选画板上的所有核小体，点击鼠标右键进行编组，将其称作编组 1。

编组1

Note

使用「钢笔工具」绘制弧线时，若钢笔光标移动到半圆弧线的端点上，其右下角会出现一个 "−" 号。若在此处点击鼠标建立第一个锚点，会使此锚点的状态激活，再次建立锚点时会连接半圆弧线的路径。当钢笔光标的左下角为 "∗" 时，说明建立的锚点不在其他路径的末端上。

同样，建立路径终点时也需要注意，若钢笔光标落在其他路径的末端上，其左下角会出现一个 "O" 号，点击光标后会与此路径连接起来。

◆ 绘制其他视角的核小体

1. 选择工具栏中的「矩形工具」，利用智能参考线，在画板的空白处绘制一个与组蛋白等宽、等高约为 "3 mm" 的矩形，在控制栏设置填充颜色为 "无"，描边颜色为 "蓝色"。选择工具栏中的「吸管工具」，点击组蛋白，即可为矩形填充上与组蛋白相同的颜色与描边，得到一个正面角度的组蛋白。

2. 选择工具栏中的「直线段工具」，按着 Shift 键，绘制一条比矩形宽稍长的水平直线段，宽约 "9.5 mm"。同样利用「吸管工具」设置直线段的描边颜色和描边粗细与 DNA 链相同，得到两条缠绕组蛋白的 DNA 链。

3. 选择工具栏中的「选择工具」，利用 Alt 键复制一条直线 DNA，使两条直线 DNA 大约将矩形分成三等分。框选组蛋白与 DNA，选择 DNA 作为对齐关键对象，在控制栏里选择水平居中对齐，点击鼠标右键进行编组。下面的步骤与元素的重复利用的步骤 4~6 相同，绘制成 7 个相连的核小体，作为一个编组，称作编组 2。

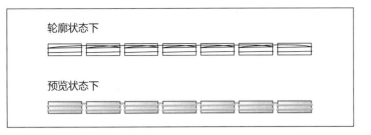

4. 参考"实例二、核小体"的绘制，使用「椭圆工具」与「矩形工具」，加上「路径查找器」与「剪刀工具」辅助使用，绘制核小体的俯视图。核小体的宽度与前面绘制的核小体的宽度相同，同样使相邻的核小体连接起来，最后将其进行编组，称作编组3。

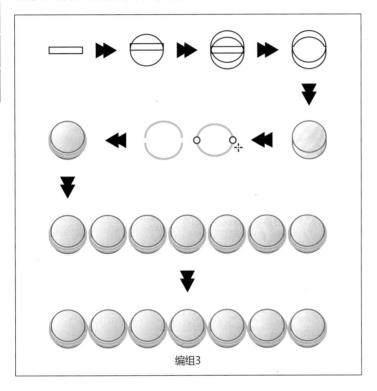

编组3

◆ 核小体编组的组合。

1. 选择工具栏中的「选择工具」，选择编组2核小体，按着Alt+Shift 键，点击拖动编组2核小体，使其进行复制并水平向左移动约 "5.2 mm"。

编组2及复制品编组2

2. 选择编组1核小体，将其拖动到编组2核小体的下方，偏左，紧靠着编组2核小体。按着 Alt 键，复制一份编组1核小体。放开 Alt 键后，按着 Shift 键，将光标放在复制的编组1核小体的定界框外的左上角，出现圆角双箭头，将其旋转 180°。在将复制的编组 1 核小体拖动到编组 2 核小体的上方，偏右，同样紧靠着编组 2 核小体。

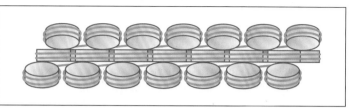

3. 选择编组 3 核小体，点击鼠标右键选择「变换」>「对称」，在弹出的镜像选框里选择水平轴对称，点击复制退出。复制的编组 3 核小体在选择的状态下，按键盘上的向左方方向键，使两组核小体编组交错。框选这两组核小体，鼠标右键将其排列置于底层，再点击鼠标右键进行编组。利用 Alt 键，复制一份编组 3 核小体组，将其旋转 180°。将编组 3 核小体组分别移动到编组 2 核小体组的上下方，如同汉堡包的两块面包，夹着中间的肉。

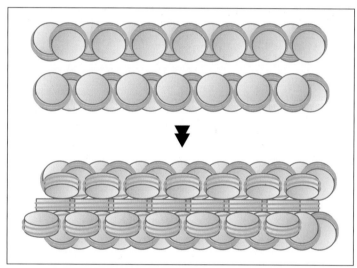

4. 框选核染色质，点击鼠标右键将其进行编组，使其水平居中与垂直居中对齐画板。最后添加文字 "Chromatine" 置于核染色质上方，水平居中对齐画板，完成核染色质插图。

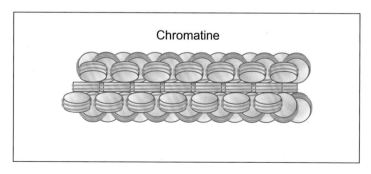

实例四、染色质环

双击打开素材「0603.ai」与「0604.ai」。

◆ 制作染色质环图案画笔

1. 选择文档「0603.ai」，点击核染色质，将其拖动至控制栏下方的文档「0604.ai」处，白色箭头的右下角出现一个"+"号，文档「0603.ai」转换到文档「0604.ai」，将光标拖动到画布中，此时才松开鼠标，核染色质则出现在画布中，文档「0603.ai」的核染色质复制到文档「0604.ai」。

2. 在文档「0604.ai」中，复制的核染色质为编组选择状态，点击鼠标右键选择取消编组，鼠标点击空白处，取消选择。再分别选择上下两组的编组 3 核小体组，点击鼠标右键将其取消编组。

3. 分别双击排列在上方的编组 3 核小体，进入隔离模式，只有编组 3 核小体能被编辑，其他的均不能编辑。选择右边的两个核小体及相连的 DNA 链，按 Delete 键将其删除，鼠标双击空白处，退出隔离模式。

最终效果图

Chromatine loops

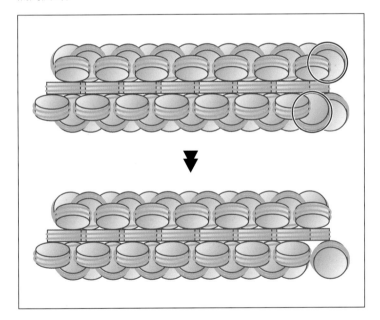

4. 对不同视角的核小体列分别进行编组，以两组正面核小体编组为关键对象，其余的核小体组水平居中对齐。使用「**魔棒工具**」选中所用组蛋白，将其灰色渐变填充改成纯灰色的填充。框选所有编组的核小体，点击鼠标右键进行编组。

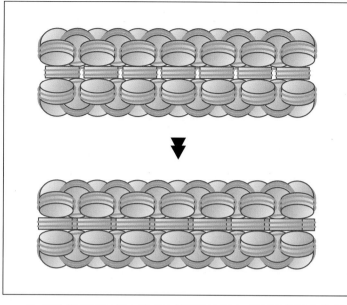

5. 双击选择工具栏中的「**比例缩放工具**」，弹出比例缩放选框，勾选选项中的比例缩放描边和效果，点击确定。选择「**选择工具**」，选择核染色质，将光标放在定界框的左下角，出现双箭头的斜线，按着 Shift 键，将核染色质等比缩小至宽约为"16 mm"。

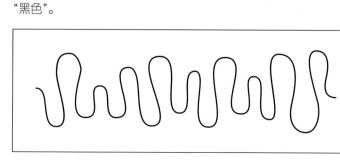

勾选比例缩放描边和效果　　　　没有勾选比例缩放描边和效果

6. 打开「**画笔**」面板，将缩小后的核染色质拖到「**画笔**」面板中，在弹出的新建画笔选框中，选择图案画笔，弹出图案画笔选项框，点击确定即可，创建图案画笔 1。

◆ **绘制染色质环**

1. 双击选择工具栏中的「**铅笔工具**」，在弹出的铅笔工具选项框中，设置保真度为"3"像素，平滑度为"50%"，点击确定。在空白画板上，使用「**铅笔工具**」绘制一条有上下波动的曲线，如同小肠绒毛细胞的形状。若无描边颜色，在控制栏设置描边颜色为"黑色"。

2. 选择曲线，在打开的「**画笔**」面板中选择图案画笔1，会发觉核染色质过大，拥挤在一起。此时，可设置曲线的描边粗细为"0.5 pt"，完成染色质环的绘制。

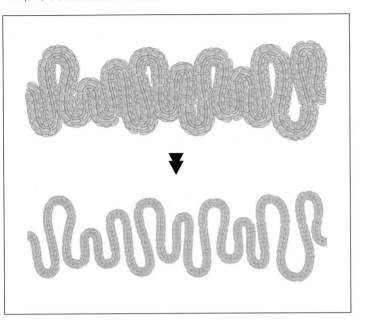

3. 选择染色质环，使其水平居中与垂直居中对齐画板。最后添加文字"Chromatine loops"，将其置于染色质环上方，水平居中对齐画板，完成染色质环插图。

Chromatine loops

💡 *Tip*

对绘制的曲线不满意时，可按 Delete 键删去，或用「**铅笔工具**」重新编辑路径。或是使用「**直接选择工具**」，调节曲线的锚点的位置与锚点手柄的长度和角度。

📝 *Note*

路径应用的画笔的大小与创作画笔时的对象的大小有关，即用于制作画笔的对象越大，应用在路径上的画笔越大，反之同理。因此，制作画笔时，可适度调节用于制作画笔对象的大小。

此外，对于应用了画笔外观的路径，可通过编辑路径描边的大小来调节画笔的大小。

实例五、浓缩的染色质环

双击打开素材「0605.ai」。

实例知识点

参考线的应用
钢笔工具的应用
使用铅笔工具绘制弧线

最终效果图

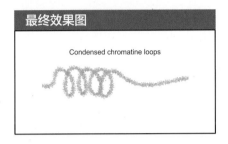

Condensed chromatine loops

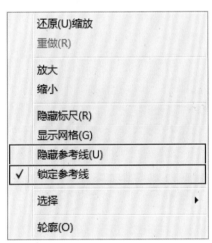

◆ 制作浓缩的染色质环图案画笔

绘制浓缩的染色质环，可利用图案画笔来绘制。只需要绘制一段曲线作为图案，使该曲线图案沿路径重复各个拼贴。制作浓缩的染色质环的图案画笔，关键在于绘制的曲线画笔，如何使各个重复拼贴能够连接起来。这里可应用一些小技巧来制作曲线图案画笔。

1. 点击菜单栏中「视图」>「标尺」>「显示标尺」，在画布的上方与下方会出现带有刻度的标尺（若在界面中已存在标尺，在菜单栏中显示的为「视图」>「标尺」>「隐藏标尺」）。将光标移动至画布上方的标尺上，点击并向下拖动出一条青色的参考线至画板的上方，松开鼠标，参考线即锁定，不能被移动。

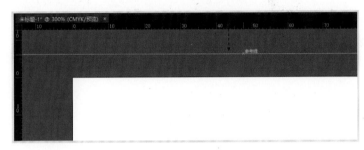

延伸知识：如何处理锁定参考线

从标尺拖动出来的参考线为锁定的状态，在画板中没有选择任何对象的时候，点击鼠标右键，在出现的快捷菜单中，点击锁定参考线，去掉勾选，即可选择参考线，进行操作，操作完后再锁定参考线，便于进行绘图。

2. 选择工具栏中的「**缩放工具**」（🔍），在画布中的光标为带加号的放大镜图标，点击画板上方的参考线若干下，使画布下方的导航栏的左端显示1 600%，表示画布放大至1 600%。

延伸知识：缩放工具的使用

使用「**缩放工具**」时，光标点击处即被放大。若按着 Alt 键，光标点击处即被缩小。还可以使用「**缩放工具**」在画布中点击并拖动出一个方框，方框里的内容即被放大至充满整个工作区。

双击工具栏中的「**缩放工具**」，可使画布恢复至100%，即画布的实际大小。双击「**缩放工具**」旁边的「**抓手工具**」（✋），使画布适合窗口的大小。

💡 **Tip**

可以在鼠标右键快捷菜单中选择隐藏或显示参考线，快捷键为 Ctrl+;（分号）。

💡 **Tip**

快捷键（菜单栏视图）：

放大：Ctrl++ 画板适合窗口大小：Ctrl+0
缩小：Ctrl+- 实际大小：Ctrl+1

3. 选择工具栏中的「**钢笔工具**」，在控制栏设置填充颜色为"无"，描边颜色为"绿色"，描边粗细为"0.5 pt"。将钢笔光标放在参考线上，按着 Shift 键，点击并水平拖动鼠标，使得起始锚点与手柄均在参考线上，手柄总长约为"1 mm"，松开 Shift 键。将钢笔光标移动至参考线的上方，再按着 Shift 键，点击拖动鼠标建立第二个锚点，手柄为水平，松开 Shift 键。再将钢笔光标移动至参考线的下方，重复前面的操作，绘制一段上下波动的曲线，大约 10 个波峰。需要注意的是倒数第二个锚点在参考线的上方，最后的一个锚点落在参考线上。只有路径首尾的锚点水平对齐，制作成图案画笔后应用时，才能使曲线连接起来。

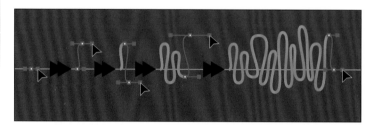

4. 选择工具栏中的「**选择工具**」，此时曲线只有最后的一个锚点被选择，锚点为蓝色实心，其他的锚点为蓝色空心。点击空白处取消选择曲线，再点击曲线选择整条曲线，会发现曲线所有的锚点为蓝色实心。

5. 选择工具栏中的「**镜像工具**」，将十字光标移动至曲线的最后一个锚点上，将镜像对称中心建立在锚点的位置上。按着 Alt 键，鼠标点击锚点，弹出镜像选框，在默认情况下为垂直轴对称，勾选预览查看镜像对称的效果，点击复制。以终点锚点为对称中心复制出另一段曲线，两段曲线连接起来，得到更复杂的长曲线。

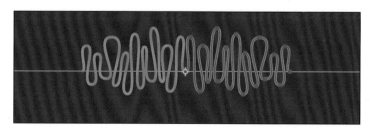

6. 选择工具栏中的「**选择工具**」，框选对称的两条曲线，点击鼠标右键进行编组。打开「**画笔**」面板，将编组曲线拖进「**画笔**」面板中，选择新建图案画笔，在弹出的图案画笔选项框里，点击确定即可，创建图案画笔 1。

📝 *Note*

使用「**钢笔工具**」时，在建立锚点时，若鼠标没有放开，按着键盘上的空白键，按着鼠标移动，可移动锚点的位置。

💡 *Tip*

按着「**旋转工具**」不放，就会出现隐藏工具，选择「**镜像工具**」。

在对象选择的状态下，鼠标右键选择「**变换**」>「**对称**」，同样会弹出镜像选框，可将对象进行轴对称，但是不能设置轴对称中心，均以对象的中心点进行对称。而使用「**镜像工具**」时，可以在任意地方设置轴对称中心点。

◆ 绘制染色质环

1. 双击选择工具栏中的「**铅笔工具**」，在弹出铅笔工具选项框中，设置保真度为"3"像素，平滑度为"50%"，点击确定。在空白画板上，使用「**铅笔工具**」绘制一条两端平坦、中间螺旋的曲线，如同一根被拉伸的弹簧。在控制栏中可设置弹簧线的描边颜色为"绿色"，描边粗细为"0.5 pt"。

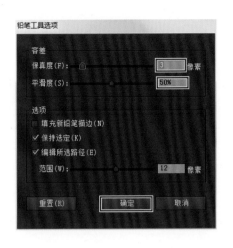

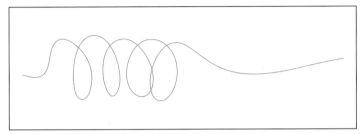

2. 选择弹簧线，在打开的「**画笔**」面板中选择图案画笔 1，路径重复拼贴波动曲线图案。若觉得拼贴的图案太小或太大，可在控制栏中调节弹簧线的描边粗细。

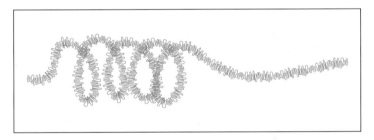

3. 选择浓缩的染色质环，使其水平居中与垂直居中对齐画板。最后添加文字"Condensed Chromatine loops"，将其置于浓缩的染色质环上方，水平居中对齐画板，完成浓缩的染色质环插图。

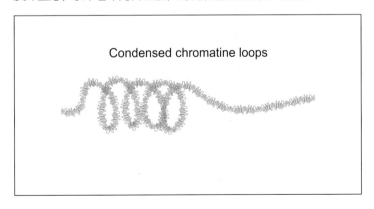

Condensed chromatine loops

实例六、染色体形状

双击打开素材「0606.ai」与「0607.ai」。

◆ 绘制染色体的形状轮廓

选择文档「0607.ai」，双击选择工具栏中的「铅笔工具」，在弹出的铅笔工具选项框中，设置保真度为"3"像素，平滑度为"50%"，点击确定。在空白画板上，使用「铅笔工具」绘制一条从左上端向右下端走向的曲线。若无描边颜色，在控制栏设置描边颜色为"黑色"。再绘制一条从右下端向左上端走向的曲线，使得两条曲线相交，形成一个"X"的形状，这是染色体的外观大致轮廓。

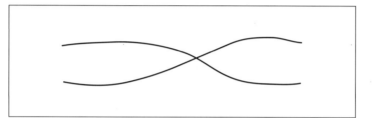

◆ 保存自定义画笔

在"实例五、浓缩的染色质环"中绘制浓缩的染色质环使用了图案画笔，而在这一节中，绘制由浓缩的染色质环构成的染色体，也需要使用相同的图案画笔。在 AI 软件中，可以将图案画笔保存下来，形成自己的画笔库，在新建的文档中便可以使用用户自定义的画笔。

1. 选择文档「0606.ai」，打开「画笔」面板，点击面板右上角的菜单，选择所有未使用的画笔，除了基本与图案画笔 1，其他的画笔被选择上，点击面板左下角的删除画笔图标，删除没有被使用的画笔。选择图案画笔 1，点击面板右下角的画笔库菜单图标，选择保存画笔，弹出保存画笔位置窗口，默认的保存位置为：

C:\Users\User name\AppData\Roaming\Adobe\Adobe Illustrator CS6 Settings\zh_CN\x64(x32)\ 画笔

可自定义保存画笔的名字，默认为 0606.ai，点击保存，窗口关闭。图案画笔已保存下来，点击文档「0606.ai」右上角的交叉，关闭文档「0606.ai」。

当前处于活动状态的为文档「0607.ai」，在打开的「画笔」面板中，再次点击右下角的画笔库菜单图标，选择「用户定义」>「0606」，弹出保存的 0606 画笔面板，在 0606 画笔面板只有图案画笔 1。选择图案画笔 1，可以将其拖动至现在的「画笔」面板中，点击 0606 画笔面板右上角的交叉，关闭面板。

最终效果图

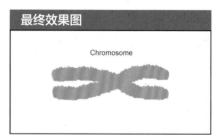

Chromosome

💡 *Tip*

选择一种画笔，选择画笔库菜单里的保存画笔，实际上是保存画笔库，会将当前文档里「画笔」面板上的所有画笔均保存下来。因此，可以将没有使用或是不需要使用的画笔删去，只保存想要保存的画笔，一方面可以节省储存空间，另一方面是使画笔库更加简洁。

另外，每次新建的文档，「画笔」面板中均只存在默认的画笔。

若将文档「0606.ai」中的浓缩的染色质环复制或移动到文档「0607.ai」中，在文档「0607.ai」中的「画笔」面板中就会出现浓缩的染色质环应用的图案画笔 1，这样不需要保存画笔，但不能永久地保存画笔。

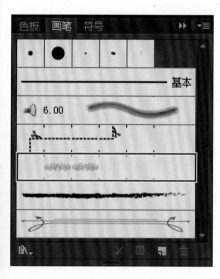

◆ 绘制染色体

1. 选择工具栏中的「**选择工具**」，框选染色体轮廓曲线，在打开的「**画笔**」面板中选择图案画笔1，使两条曲线应用上波浪曲线图案。点击鼠标右键进行编组。

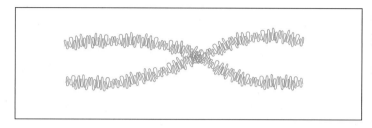

2. 选择工具栏中的「**宽度工具**」，将光标移动至两条曲线相交处，选择其中一条曲线，点击并拖动至描边宽度最小，使得"X"状的曲线两头粗，中间细。

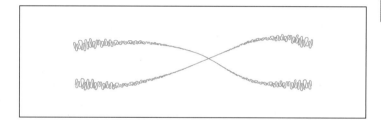

3. 切换为「**选择工具**」，按着 Alt 键，复制若干份"X"状的染色体编组，使其相互靠近。框选全部染色体编组，鼠标右键进行编组，在进行复制若干份与进行编组，重复数次，使得染色体变得有"厚度"。最后框选所有"X"状的染色体编组，进行编组。

4. 选择染色体，再一次选择「**画笔**」面板中的图案画笔1，使得染色体更加有"质感"，完成染色体的绘制。点击菜单栏中「**对象**」>「**扩展外观**」，使得应用的画笔外边变为实线。

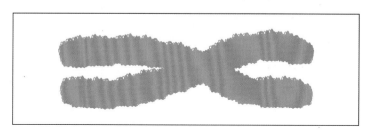

5. 选择染色体，使其水平居中与垂直居中对齐画板。最后添加文字"Chromosome"，将其置于染色质体上方，水平居中对齐画板，完成染色体插图。

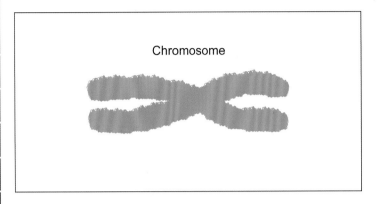

◆ 拼接图片

完成染色体的绘制后，已经将本章的全部插图完成，从 DNA、核小体、核染色质、染色质环、浓缩的染色质环，最终到染色体，一共有六张图，完成 DNA 到染色体的包装过程。因此，这六张图是紧密联系的，可以将这六张图组合成一张大图。

这六张图涉及尺寸与局部放大，主要利用工具栏中的「**直线段工具**」与「**矩形工具**」，再配合「**选择工具**」与「**直接选择工具**」等，可快速地绘制尺寸标尺与局部放大框。例如尺寸标尺的绘制：

选择工具栏中的「**直线段工具**」，按着 Shift 键，绘制一条垂直的直线段。打开「**描边**」面板，设置路径的起始箭头与终点箭头均为"箭头 27"，缩放均为"60%"。

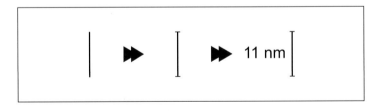

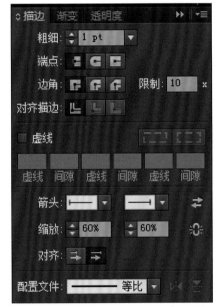

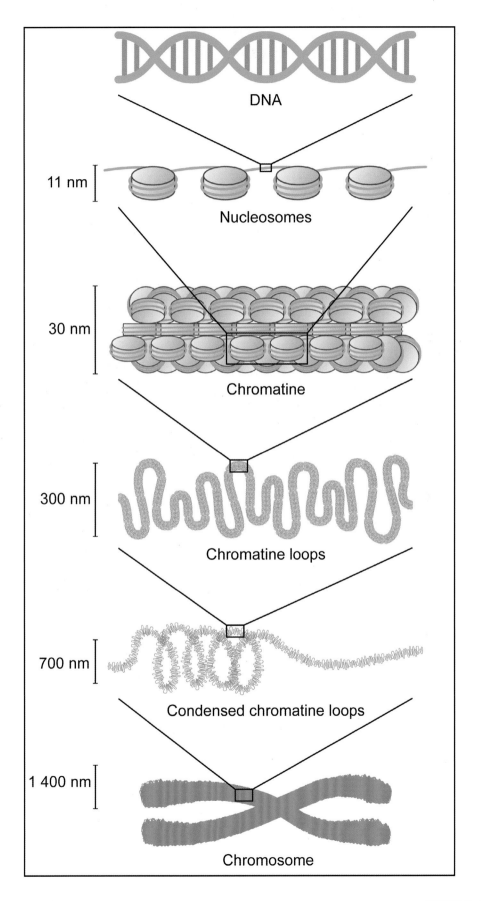

DNA

11 nm

Nucleosomes

30 nm

Chromatine

300 nm

Chromatine loops

700 nm

Condensed chromatine loops

1 400 nm

Chromosome

小小打火鸡

Good job!

Chapter 7
细胞

实例一、细胞核与内质网

双击打开素材「0701.ai」。

◆ 绘制细胞核

1. 选择工具栏中的「**椭圆工具**」，按着 Shift 键不放，鼠标在画板中拖出一个大小约为"宽 20 mm、高 20 mm"的正圆，先松开鼠标后放开 Shift 键。在控制栏设置填充颜色为"浅蓝色"，描边颜色为"蓝色"。

2. 打开「**描边**」面板，在默认情况下描边粗细为"1 pt"，勾选"虚线"，设置虚线长为"10 pt"，间隙长为"2 pt"，使正圆的描边为虚线，作为细胞核膜。为使细胞核膜更加美观，在描边面板中继续设置描边的端点为"圆头端点"。

3. 点击菜单栏中「**对象**」>「**路径**」>「**轮廓化描边**」，正圆的描边扩展为"蓝色"填色的对象。正圆成为包含两个对象的一个编组。点击鼠标右键，选择取消编组。

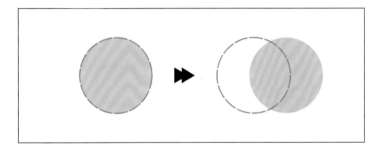

4. 选择工具栏中的「**选择工具**」，点击画板空白处取消选择正圆，选择"浅蓝"填色的正圆，点击菜单栏中「**效果**」>「**风格化**」（Illustrator 效果）>「**内发光**」。在弹出的内发光选框中勾选预览以查看效果，选择模糊效果从"中心"开始，设置模糊为"2 mm"，点击确定，完成细胞核质的绘制。

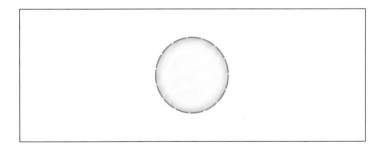

实例知识点

内发光效果的应用
宽度工具的应用
斑点画笔工具的应用

最终效果图

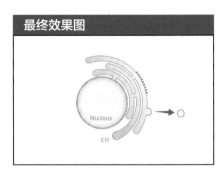

💡 **Tip**

若点击菜单栏中「**对象**」>「**扩展外观**」，正圆拆分为描边与填色两个对象，正圆的描边依旧为虚线外观的路径。再次点击菜单栏中「**对象**」>「**外观**」，默认是扩展"填充"和"描边"，这里我们只需要扩展"描边"，故把"填充"的钩去掉，然后选择确定可得同样的效果。

💡 **Tip**

对于具有描边与填色的对象，在菜单栏中添加效果，会应用于整个对象，即包括描边与填色。若想只对描边或填色添加效果，需要在「**外观**」面板中选择描边或填色，在面板的下方选择添加新效果图标。

对对象的描边进行轮廓化描边或扩展后，可以对"描边"添加描边和填色，使得"描边"更加精美。

快捷键：Shift+X

◆ 绘制内质网

1. 选择工具栏中的「**椭圆工具**」，将十字光标大约移动至细胞核的中心位置，在智能参考线的辅助下，若出现荧光色的"中心点"，说明光标所处位置为细胞核的中心点。此时，按着 Alt+Shift 键，拖动鼠标，绘制的圆会以细胞核的中心点作为圆心进行扩展，绘制一个宽与高约为"24 mm"的正圆。在默认情况下，绘制的正圆只有"浅蓝"填色，将细胞核遮挡在下方。按快捷键 Shift+X，互换填色和描边，在控制栏设置描边颜色为"蓝色"，描边粗细为"5 pt"，需确保描边与细胞核核膜不重叠。点击控制栏上橙色的描边字样快速弹出的「**描边**」面板，设置描边的端点为"圆头端点"。

重复上面的操作，以细胞核的中心点为圆心，分别绘制宽与高约为"29 mm"与"34 mm"的两个正圆。

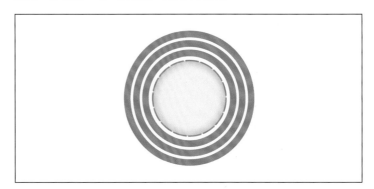

2. 选择工具栏中的「**剪刀工具**」，将十字光标移动到"蓝色"正圆的描边上，若出现荧光色"路径"二字，说明光标落在圆的路径上，点击将路径断开，将圆剪切成两部分，剪切的位置与内质网的大小相关。切换到「**选择工具**」，选择不需要的部分，按 Delete 键将其删除。

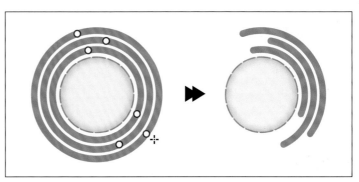

3. 选择工具栏中的「**宽度工具**」，将作为内质网的弧线的两端描边稍加粗，中间稍减细，使内质网的形态更形象。

4. 确定内质网的形态后，点击菜单栏中「**对象**」>「**扩展外观**」，只勾选"描边"，点击确定，使弧线描边扩展为填色。

5. 双击选择工具栏中的「**斑点画笔工具**」(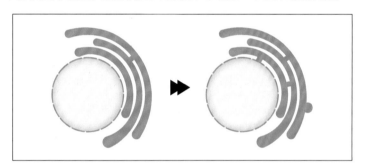)，在弹出的斑点画笔工具选项中，设置画笔的大小为"4 pt"，点击确定。在最外的两扁平囊之间拖动鼠标，绘制连接的小管，使具有相同颜色的扁平囊连接合并，继续使内质网间连接起来。按键盘上的"["键两下，缩小画笔的大小，将内质网与细胞核膜连接起来。按键盘上的"]"键若干下，增加画笔的大小，在内质网的最外边上点击一下，作为内质网的小囊泡。细胞核膜、内质网、小囊为一个整体的膜系统。

☼ **Tip**

使用「**宽度工具**」时，按着 Alt 键，只编辑路径的单边描边。（只有 Adobe Illustrator CS6 及 CS6 之后的版本，才有该功能）

📝 **Note**

「**斑点画笔工具**」可绘制填充的形状，以便与具有相同颜色的其他形状进行交叉和合并。

☼ **Tip**

调节斑点画笔大小还可以通过按键盘上的"["键与"]"键，但注意需要在英文输入法的状态下才能调节画笔的大小。

6. 内质网在选择的状态下，按快捷键 Shift+X，互换填色和描边，在控制栏设置填充颜色为"蓝白渐变"，描边颜色为"蓝色"，描边粗细为"0.5 pt"。选择工具栏中的「**渐变工具**」，十字光标从内质网的右上角向细胞核的中心拖动，使内质网的中间到四周为白色到蓝色渐变。

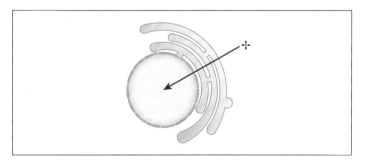

◆ 绘制核糖体与囊泡

1. 内质网在选择的状态下，按快捷键 Ctrl+C 进行复制，再按快

捷键 Ctrl+F 粘贴在前面。按键盘上字母"D"，使复制的内质网设置为默认的填色和描边，按"/"键，去除填色。选择工具栏中的「**剪刀工具**」，在小囊与内质网交界处剪断，并在最外层的内质网上剪切出一小段弧线作为制作核糖体的准备。切换到「**选择工具**」，选择多余的部分，按 Delete 键删除。

2. 选择弧线，设置描边颜色为"蓝色"，描边粗细为"2 pt"。在「**描边**」面板中设置端点为"圆头端点"，勾选虚线，虚线长为"0.1 pt"，间隙长为"3 pt"，完成核糖体的绘制，将其拖动至内质网膜外。选择小囊膜，设置描边颜色为"绿色"，描边粗细为"0.5 pt"，端点为"圆头端点"，完成小囊膜的绘制。

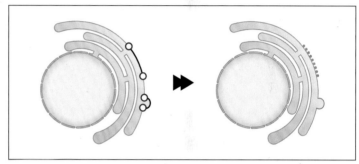

3. 选择工具栏中的「**斑点画笔工具**」，在小囊的左边点击一下，绘制一个圆球。切换到「**选择工具**」，选择圆球，设置填充颜色为"浅绿色"，描边颜色为"绿色"，描边粗细为"0.5 pt"。打开「**外观**」面板，选择填色，点击面板下方的添加新效果图标，选择「**风格化**」>「**内发光**」，勾选预览，选择中心模糊，设置模糊为"0.5 mm"，点击确定，完成囊泡的绘制。

4. 选择工具栏中的「**钢笔工具**」，在小囊与囊泡之间绘制一条曲线，设置填充颜色为"无"，描边颜色为"灰色"，描边粗细为"4 pt"。打开「**描边**」面板，选择路径终点的箭头为"箭头7"，缩放为"20%"，选择"宽度配置文件4"，设置纵向翻转，使箭头从细到粗指向。

5. 最后使用「**文字工具**」添加文字，完成插图的绘制。

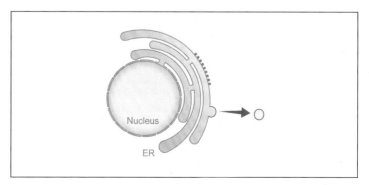

实例二、高尔基体

双击打开素材「0702.ai」。

◆ 绘制高尔基体

1. 双击选择工具栏中的「**铅笔工具**」，在弹出的铅笔工具选项设置保真度为"5"像素，平滑度为"40%"，保持其他选项在默认情况下，点击确定。在画板中绘制若干条曲线，逐渐变长再变短，弯曲度逐渐减少再增加，绘制出高尔基体的大概轮廓。

实例知识点

内发光效果的应用
宽度工具的应用
斑点画笔工具的应用

最终效果图

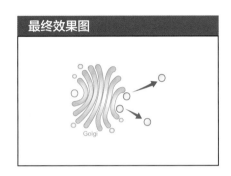

延伸知识：路径的编辑

「**铅笔工具**」：在铅笔工具选项中，编辑所选路径默认为勾选，只需要选择需要编辑的路径，可以对路径进行编辑。

「**直接选择工具**」：使用直接选择工具选择路径的锚点，可以调节锚点的位置、锚点手柄的长度与角度，按 Delete 键可删除锚点及其相连的线段。点击并拖动路径的线段，可以调整线段的形态。

「**钢笔工具**」及其隐藏工具：使用钢笔工具，可以对路径进行添加或删除锚点；点击或点击拖动路径的末端，可以延伸路径。使用转换锚点工具，可以将路径锚点在角点和平滑点之间进行转换。

2. 选择工具栏中的「**选择工具**」，选择最左边的路径，设置描边颜色为"蓝色"，描边的粗细为"6 pt"，在「**描边**」面板中设置路径端点为"圆头端点"。选择工具栏中的「**宽度工具**」，使路径两端描边加粗，中间描边变细。切换为「**选择工具**」，选择其他没有设置的路径。双击选择工具栏中的「**吸管工具**」，将吸管挑选与吸管应用的外观勾选上。点击吸取最右的路径，其他路径就会拥有与最右路径一致的外观。再切换为「**选择工具**」，适当调整路径的位置，使各路径的描边不重叠即可。

3. 使用「**选择工具**」选择所有的路径。点击菜单栏中「**对象**」>「**扩展外观**」，只勾选"描边"，点击确定，将路径的描边转换为填充。在控制栏设置填充颜色为"蓝白渐变"，描边颜色为"蓝色"，描边粗细为"0.5 pt"，完成高尔基体的绘制。

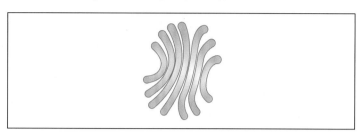

4. 选择工具栏中的「**斑点画笔工具**」，使用键盘上的"["与"]"键调整画笔的大小，在高尔基体周围点击，绘制囊泡。选择囊泡，设置其填色和描边，描边粗细为"0.5 pt"。其中，填色可以设置渐变，还可以添加内发光效果。

5. 最后添加箭头与文字，完成高尔基体的绘制。

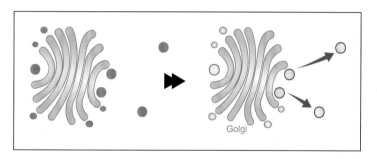

◆ 元素的组合

双击打开素材「0701.ai」，将绘制高尔基体与"实例一、细胞核与内质网"中绘制的细胞核和内质网元素组合起来，绘制其他元素，并添加与文字、箭头等，完成一幅完整的膜运输插图。

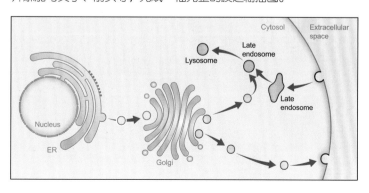

实例三、线粒体

双击打开素材「0703.ai」。

◆ 绘制线粒体

1. 选择工具栏中的「**椭圆工具**」，光标在空白的画板上点击一下，在弹出的椭圆框里设置宽度为"76 mm"，高度为"34 mm"，点击确定，得到一椭圆。在控制栏设置填充颜色为"橘黄色"，描边颜色为"黄色"，描边粗细为"1.5 pt"。

2. 打开「**外观**」面板，点击面板的左下角的添加新描边图标，在面板中出现两个描边栏，椭圆的两描边的设置相同。选择下层的描边，设置描边颜色为"黑色"，描边粗细为"2.5 pt"。由于在下层的黑色描边比上层的黄色描边更粗，因此可以看到黄色描边下方的黑色描边，使得椭圆的黄色描边看起来如同填色，黑色描边构成线粒体的外膜。

实例知识点

双描边的制作
偏移路径的应用
圆角效果的应用

最终效果图

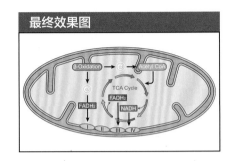

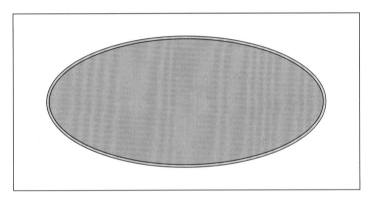

延伸知识：外观面板

在「**外观**」面板中可以添加新描边、新填色及新效果。选择并拖动填色或描边，可以调节填色或描边的排列顺序。选择描边或填色，可单独为填色或描边添加新效果，使得多个填色和描边叠加起来，产生各种样式。

与「**外观**」面板相连在一起的为「**图形样式**」面板，选择一对象后，点击「**图形样式**」面板中样式缩略图，可以为对象添加上缩略图的样式。如选择黄昏图形样式，点击「**外观**」面板，可以看到该样式由多个填色组合而成，除了底层的填色，在上层的填色均设置了不透明度，而且添加了一个或多个的效果。

延伸知识：新建与保存图形样式

使用「**选择工具**」选择绘制的双描边椭圆，打开「**图形样式**」面板，点击面板下方的新建图形样式图标，椭圆的样式缩略图就出现在面板中，双击该缩略图，可修改样式名称，修改为双描边。当

💡 *Tip*

除「**外观**」面板中添加新描边，也可以使用「**对象**」>「**路径**」>「**轮廓化描边**」，使椭圆的描边变为图形，填色为"黄色"，取消编组后设置圆环"黑色"描边，同样可以得到相同的效果。

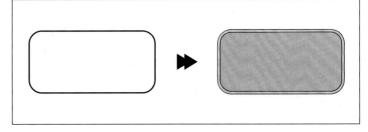

绘制一图形后，在「图形样式」面板中选择双描边样式，即可为图形添加上双描边的样式。

将图形样式保存在本地，可在其他的 AI 文档中使用。在「图形样式」面板中选择需要保存的样式缩略图，点击面板左下角的图形样式库菜单图标，选择保存图形样式，图形样式保存在 AI 默认的图形样式文件中，将图形样式重命名，点击确定。点击图形样式库菜单，在用户定义中会出现保存的图形样式。实际上，保存的是该文档的图形样式库，可将面板中不需要的样式删除，再进行保存。

另外，在图形样式库菜单中还含有许多的其他的图形样式。

3. 在椭圆为选择的状态下，点击菜单栏中「**对象**」>「**路径**」>「**偏移路径**」，在弹出的偏移路径框中勾选预览，查看效果，设置位移为 "−2 mm"，使得在原来的椭圆内边增加一个椭圆，其外观与原来的椭圆相同，为相同的双描边与填色，两椭圆的间隙为 "2 mm"，点击确定。偏移路径后的椭圆在选择的状态下，在控制栏设置填充颜色为 "粉色"，"粉色" 填充作为基质，其双描边为线粒体的内膜，"橘黄色" 填充为线粒体的膜间隙。

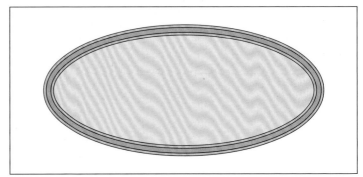

4. 在 "粉色" 填色椭圆为选择的状态下，双击选择工具栏中的「**橡皮擦工具**」（ ），在弹出的橡皮擦工具选项中设置大小为 "7 pt"，点击确定。使用「**橡皮擦工具**」从椭圆外向内在不同地方擦拭若干下，被擦拭的地方露出下层 "橘黄色" 填充，同时椭圆的描边向内凹陷。使用「**橡皮擦工具**」擦拭的地方作为线粒体的嵴。

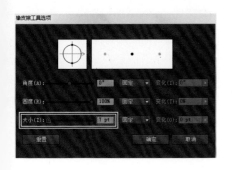

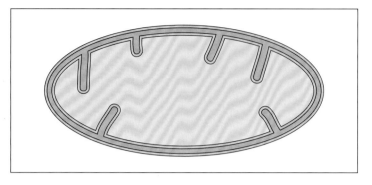

5. 点击菜单栏中「**效果**」>「**风格化**」（Illustrator 效果）>「**圆角**」，在弹出的圆角框里，勾选预览查看效果，设置半径为"1.5 mm"，点击确定，使得线粒体的内膜的边角变得更加圆滑。

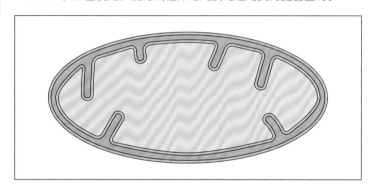

◆ 添加文字及箭头

　　使用「**文字工具**」添加文字，使用「**钢笔工具**」绘制箭头路径，并在「**描边**」面板设置箭头，按照图例完成线粒体的绘制。

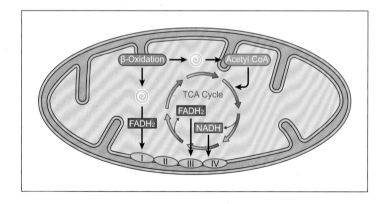

☼ *Tip*

设置文字下标，方法一：选择文字，缩小其字号；方法二：点击控制栏中的橙色字"字符"，弹出一面板，选择下标图标。

方法一

方法二

实例四、叶绿体

双击打开素材「0704.ai」。

◆ 绘制叶绿体膜结构

1. 选择工具栏中的**「椭圆工具」**，光标在空白的画板上点击一下，在弹出的椭圆框里设置宽度为"76 mm"，高度为"34 mm"，点击确定，得到一个椭圆。在控制栏设置填充颜色为"绿色"，描边颜色为"青绿色"，描边粗细为"1.5 pt"。

2. 打开**「外观」**面板，点击面板的左下角的添加新描边图标，在面板中出现两个描边栏，椭圆的两描边的设置相同。选择下层的描边，设置描边颜色为"黑色"，描边粗细为"2.5 pt"，青绿描边下方出现黑色描边，作为叶绿体的外膜。

实例知识点

圆角效果的应用
剪切蒙版的应用
符号工具的应用

最终效果图

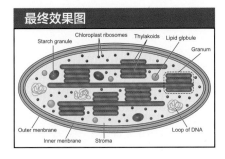

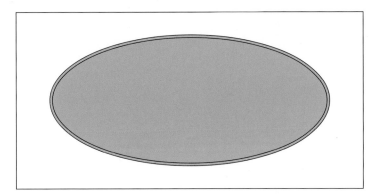

3. 在椭圆为选择的状态下，点击菜单栏中**「对象」**>**「路径」**>**「偏移路径」**，在弹出的偏移路径框中勾选预览，查看效果，设置位移为"–2 mm"，点击确定。原来的椭圆内增加一个椭圆，其外观与原来的椭圆相同，两椭圆的间隙为"2 mm"。偏移路径后的小椭圆在选择的状态下，在控制栏设置填充颜色为"淡黄色"，"淡黄色"填充作为基质，其双描边为叶绿体的内膜，"绿色"填充为叶绿体的膜间隙。

 Tip

可在**「图形样式」**面板中创建椭圆的样式，并保存在自己的图形样式库中。

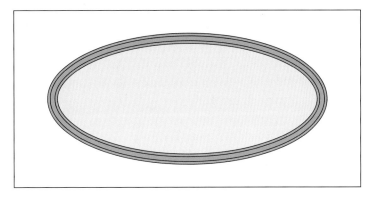

◆ 绘制叶绿体类囊体

1. 选择工具栏中的「**矩形工具**」，在叶绿体基质中绘制一个矩形，大小约为"宽 10 mm、高 1.5 mm"。在控制栏设置填充颜色为"绿色渐变"，描边颜色为"黄绿色"，描边粗细为"0.25 pt"。打开「**外观**」面板，在面板的左下角点击添加新描边，选择在下层的描边，设置描边颜色为"深绿色"，描边粗细为"1.25 pt"，双描边为类囊体的磷脂双分子层。

2. 在「**描边**」面板中，下层的描边在选择的状态下，需要点击面板中的路径，选择整个矩形。点击菜单栏中「**效果**」>「**风格化**」（Illustrator 效果）>「**圆角**」，在弹出的圆角框里勾选预览，查看效果，设置圆角半径为"0.75 mm"，点击确定，完成叶绿体类囊体的绘制。

3. 选择工具栏中的「**选择工具**」，利用 Alt 键复制若干类囊体，使类囊体堆叠起来形成叶绿体基粒。选择其中一个类囊体，增大类囊体的宽度，作为类囊体片层，连接各叶绿体基粒。复制出足够的类囊体，使其充满在叶绿体基质中。

💡 **Tip**

在绘制类囊体时，可选择叶绿体的双层膜结构，即两个双描边椭圆，选择菜单栏中「对象」>「锁定」（快捷键 Ctrl+2），使其不能编辑，便于类囊体的绘制。需要对锁定的对象进行编辑时，选择菜单栏中「对象」>「全部锁定」（快捷键 Ctrl+Alt+2），即将已经锁定的对象全部解锁。

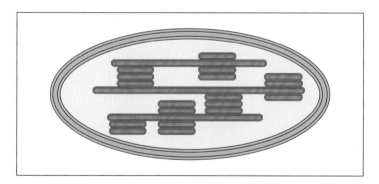

◆ 绘制叶绿体基质中的其他物质

1. 绘制 DNA：确保画板中没有对象在选择的状态下，在控制栏设置填充颜色为"无"，描边颜色为"浅棕色"，描边粗细为"0.5 pt"。双击选择工具栏中的「**铅笔工具**」，在弹出的铅笔工具选项框中设置保真度为"5"像素，平滑度为"40%"，在叶绿体基质中空白的地方绘制一团线团，作为叶绿体的 DNA。

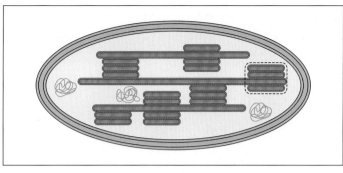

Tip

绘制比较小的对象时，可以放大视图来进行操作。（缩放视图的具体操作，可以查看第10页）

Note

剪切蒙版是一个可以用其形状遮盖其他图稿的对象，使用剪切蒙版，只能看到蒙版形状内的区域。从效果上来说，就是将图稿裁剪为蒙版的形状。

剪切蒙版和遮盖的对象称为剪切组合，可以通过选择多个对象、一个组或图层中的所有对象来建立剪切组合。

2. 绘制淀粉粒：选择工具栏中的「椭圆工具」，在画板空白处绘制一个大小约为"宽 0.9 mm、高 0.45 mm"的椭圆，设置填充颜色为"紫色渐变"，描边颜色为"无"。

选择工具栏中的「渐变工具」，使渐变批注者的虚线圈与椭圆的描边重叠在一起。

选择工具栏中的「选择工具」，按快捷键 Ctrl+C 将小椭圆进行复制，按快捷键 Ctrl+B 将椭圆粘贴在后面。按着 Alt 键不放，以复制椭圆的中心点为参考点进行缩放，使两椭圆的间隙相距不远。重复该操作，进行复制、粘贴与缩放，绘制若干个逐渐放大的椭圆。

将最后一个椭圆进行复制与粘贴，鼠标右键将其排列置于顶层，按字母"D"使其设置为默认的填色和描边，按"/"键去除填色。将光标移动到黑圈椭圆的左边框中间点，向右拖动，减少椭圆的宽度，再按着 Alt 键不放，减少椭圆的高度。框选所有的椭圆，点击鼠标右键，在弹出的快捷菜单中选择建立剪切蒙版。最上层的黑圈椭圆如同一个框，仅显示框中的内容，而框外的图像全部遮住，完成淀粉粒的绘制。

将剪切组合复制若干个，拖动至叶绿体基质中，可以稍微改变淀粉粒的角度。

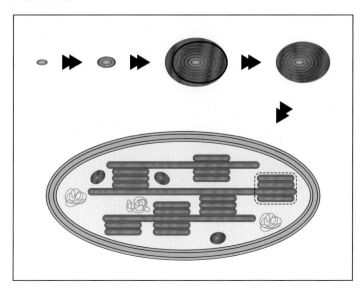

3. 添加脂质小球：选择工具栏中的「**选择工具**」，打开「**符号**」面板，选择黄色脂质小球符号，将其拖动至叶绿体基质中，添加若干个小球并调节其大小。（脂质小球，这个符号素材在源文件0704.ai 中）

4. 添加核糖体：打开「**符号**」面板，选择核糖体符号，双击选择工具栏中的「**符号喷枪工具**」，在弹出的符号工具选项框中设置符号喷枪直径为 "5 mm"，强度为 "4"，符号组密度为 "7"。在叶绿体基质中空白的地方按着鼠标不放并移动，添加若干核糖体后松开鼠标。另外，可使用「**符号移位器工具**」移动核糖体的位置。

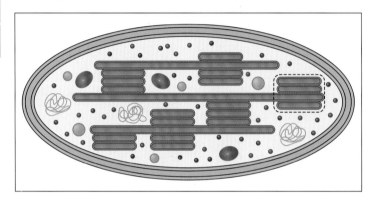

◆ 添加标注

使用「**圆角矩形工具**」绘制一个圆角矩形框住叶绿体基粒，在「**描边**」面板中设置虚线效果，使得叶绿体基粒的指示更加明确。使用「**钢笔工具**」为各元素添加标注线，标注线可在外观面板添加白色的新描边，使得标注线更加突出。最后使用「**文字工具**」添加文字，完成插图。

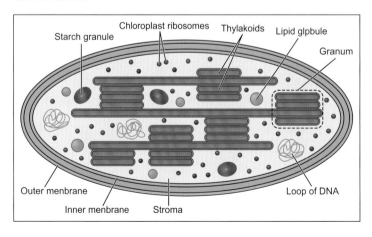

💡 **Tip**

若需要对符号进行编辑，可选择需要编辑的符号，点击符号面板下方的断开符号链接，可对其进行填色和描边等编辑。

💡 **Tip**

直径：画笔直径大小，使用「**符号工具**」时，可随时按 "[" 键以减小直径，或按 "]" 键以增大直径。

强度：符号变化的比率，值越高，变化越快。

符号组密度：符号集合的密度，值越高，符号图形堆积密度越大。作用于整个符合集，不仅仅只对新加入的符号图形。

实例五、细胞膜

双击打开素材「0705.ai」。

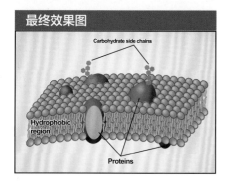

◆ **绘制磷脂双分子层**

1. 选择工具栏中的**「椭圆工具」**，按着 Shift 键不放，在画板中拖动鼠标，绘制一个大小约为"宽 3 mm、高 3 mm"的正圆。在控制栏设置正圆的填充颜色为"灰色渐变"，描边颜色为"深灰色"，描边粗细为"0.75 pt"。选择工具栏中的**「渐变工具」**，假设光源在插图的左上方，将渐变批注者向左上方移动，使渐变中心在左上角，完成磷脂分子亲水端绘制。

2. 选择工具栏中的**「铅笔工具」**，在控制栏设置填充颜色为"无"，描边颜色为"黄色"，描边粗细为"1.5 pt"。在正圆的下方绘制两条路径，作为磷脂分子的疏水端。切换到**「选择工具」**，选择正圆，鼠标右键将其排列置于顶层。接着框选两条路径，点击菜单栏中**「对象」>「路径」>「轮廓化描边」**，使描边路径变为填充图形。在控制栏设置描边颜色为"深黄色"，描边粗细为"0.5 pt"，完成磷脂分子的绘制。框选整个磷脂分子，点击鼠标右键进行编组。

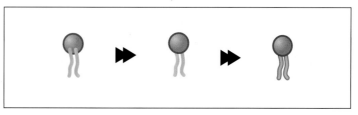

3. 选择磷脂分子并向下拖动，同时按着 Shift+Alt 键不放，在磷脂分子的正下方复制出另一份磷脂分子。先松开鼠标左键，再松开键盘按键。复制的磷脂分子仍在选择的状态下，按着 Shift 键，使复制的磷脂分子旋转 180°。框选两个磷脂分子，鼠标右键进行编组。

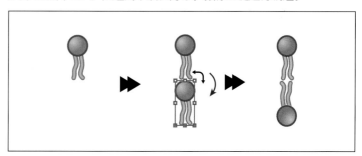

4. 选择磷脂分子组并向右拖动，同时按着 Shift+Alt 键不放，使复制出来的磷脂分子组与原来的磷脂分子组紧挨着。先松开鼠标左键，再松开键盘按键。在不进行其他任何操作下，连续按快捷键 Ctrl+D 进行再次变换，使画板中的磷脂分子组约 20 个，框选所有的磷脂分子，鼠标右键进行编组，完成平面的磷脂双分子层的绘制。

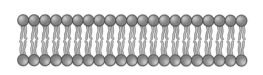

5. 选择磷脂双分子层并向左下角拖动，同时按着 Alt 键，使复制的磷脂双分子层斜靠着原来的双分子层。先松开鼠标左键，再松开键盘按键。在不进行其他任何操作下，连续按快捷键 Ctrl+D 进行再次变换，使画板中的磷脂双分子层大约有七层，完成立体的细胞膜的绘制。

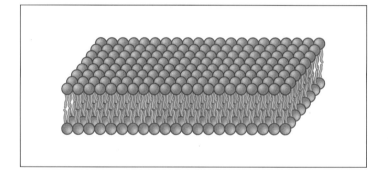

6. 框选整块细胞膜，点击菜单栏中「效果」>「变形」>「拱形」，在弹出的变形选项框中，勾选预览查看变形效果，设置弯曲为"12%"，使得细胞膜的表面稍弯曲，点击确定。

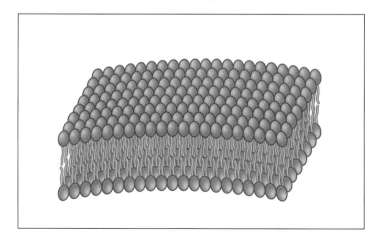

💡 **Tip**

可点击菜单栏中「视图」>「轮廓」，快捷键为 Ctrl + Y，这时画面只显示所有对象轮廓，再进行第一个磷脂分子组的水平向复制，准确调节图案间的缝隙，待操作完成，再次按快捷键 Ctrl + Y，就能恢复到原来的视图效果（轮廓和颜色都完全显示）。

若想返回上一步操作，可以点击菜单栏中「编辑」>「还原」到之前的步骤，快捷键 Ctrl + Z。

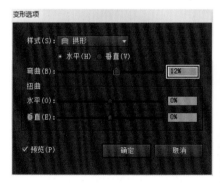

◆ 绘制镶嵌在细胞膜中的蛋白质

1. 选择工具栏中的「**椭圆工具**」，在画板外的空白处绘制一个大小约为"宽 13 mm、高 22 mm"的椭圆，在控制栏设置填充颜色为"紫色渐变"，描边颜色为"无"。选择工具栏中的「**渐变工具**」，点击虚线圈上方的黑点，并向上拖动，使得虚线圈变成一个大椭圆，围着里面的椭圆。点击渐变批注者并向左上角拖动，设置渐变中心在左上角，使其与磷脂分子的亲水端的光源一致，完成蛋白质主体的绘制。

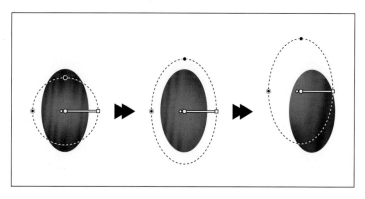

2. 选择工具栏中的「**椭圆工具**」，在紫色蛋白质的左上角绘制一个大小约为"宽 2 mm、高 2.8 mm"的椭圆，在控制栏设置填充颜色为"淡紫色"，描边颜色为"无"。点击菜单栏中「**效果**」>「**模糊**」>「**高斯模糊**」，在弹出的高斯模糊框中，勾选预览查看模糊效果，设置半径为"7"像素，点击确定。模糊效果的小椭圆，作为蛋白质的高光。由于设定光源在插图的左上方，因此高光放置的位置同样在蛋白质的左上角。选择工具栏中的「**选择工具**」，将高光顺时针旋转约 20°，拖放到合适的位置，完成蛋白质的绘制。

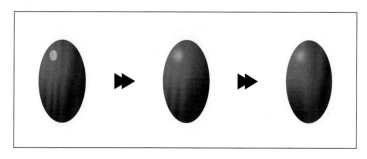

3. 选择工具栏中的「**多边形工具**」，按着 Shift 键不放，绘制一个宽约为"2 mm"的正六边形。在控制栏设置填充颜色为"淡紫色"，描边颜色为"无"。切换到「**选择工具**」，利用 Alt 键，复制若干个正六边形。适当地调整六边形的位置与角度，将六边形拼接起来，作为蛋白质的糖基侧链。框选所有的六边形，点击鼠标右键进行编组。将六边形编组移动到蛋白质的上方，再次框选蛋白质与糖基侧链，点击鼠标右键进行编组，作为细胞膜中的一种糖蛋白 / 复合蛋白。

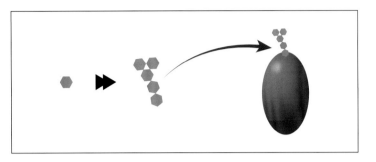

4. 利用 Alt 键，复制糖蛋白 / 复合蛋白，选择复制的糖蛋白 / 复合蛋白，点击鼠标右键选择取消编组。使用「选择工具」，改变蛋白质的宽高比，改变糖基侧链的摆放位置。在紫色渐变蛋白质中添加一个填色为"淡紫"的椭圆，作为蛋白质的剖面。完成另外四种不同蛋白的绘制，对于包含两个以上对象的蛋白可以进行编组。

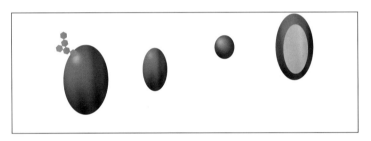

◆ 组合细胞膜与糖蛋白 / 复合蛋白

1. 选择结合蛋白，将糖蛋白 / 复合蛋白拖动到细胞膜上，并顺时针旋转约 20°。按快捷键 Ctrl+[数次，相当于鼠标右键选择「排列」>「后移一层」，将结合蛋白夹杂在细胞中。

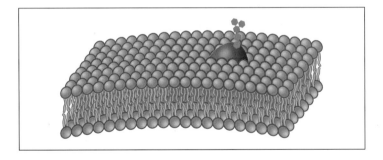

2. 框选细胞膜，打开「外观」面板，可以看到外观中的对象为编组，应用了效果，点击变形前面的眼睛图标，眼睛图标消失，暂时隐藏效果，细胞膜变为平坦。双击选择糖蛋白 / 复合蛋白上层的一层磷脂双分子层，进入隔离模式，选择叠加在糖蛋白 / 复合蛋白前的磷脂分子，将其删掉。双击空白处，退出隔离模式。同样的操作再次删除叠加在糖蛋白 / 复合蛋白前的磷脂分子。重复上面的操作，把

☼ Tip

对于编组的对象，可以使用「选择工具」双击编组进入隔离模式，对对象进行编辑，双击空白处即可退出隔离模式。

📝 Note

鼠标右键出现的快捷菜单中，所有的操作在菜单栏中均可找到。例如，快捷菜单中排列在菜单栏中的「对象」>「排列」。另外，快捷菜单中在不同的情况下会有不同的操作内容。

常用的操作一般都有快捷键。如排列：

置于顶层：Shift+Ctrl+]

上移一层：Ctrl+]

下移一层：Ctrl+[

置于顶层：Shift+Ctrl+[

不同的形态的蛋白放在细胞膜中。点击变形前面的方框，显示变形效果。

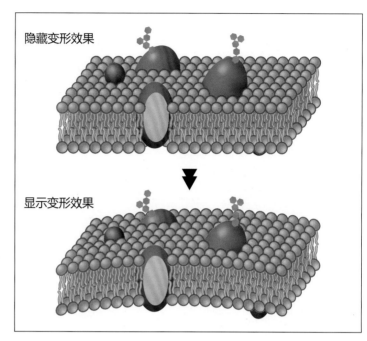

3. 使用「**文字工具**」添加文字，在「**外观**」面板中添加新的白色描边。使用「**直线段工具**」或「**钢笔工具**」绘制标注线。框选所有对象，鼠标右键进行编组，使其水平居中对齐与垂直居中对齐画板。

最后使用「**矩形工具**」绘制一个与画板大小相同的矩形，设置填充颜色为"背景"，描边颜色为"黑色"。使用「**渐变工具**」调整渐变批注者，增大虚线框的宽度。将背景框的排列置于底层，完成插图的绘制。

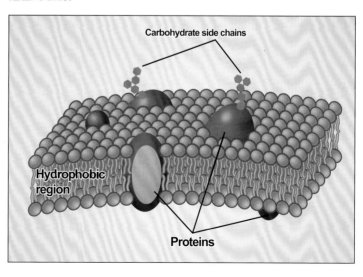

实例六、细胞综合大图

双击打开素材「0706.ai」。

◆ 绘制肺泡细胞

1. 参照右边画板中的图例，分别使用工具栏中的「**椭圆工具**」与「**矩形工具**」绘制一矩形与正圆，使矩形的右端与正圆的左端重叠，并使两者垂直居中对齐。框选矩形与正圆，打开「**路径查找器**」，使两者联集，作为肺泡的轮廓。使用「**直接选择工具**」点击肺泡轮廓的左边框线段，按 Delete 删除。

实例知识点

锚点的转换
粗糙化效果的应用
实时上色工具的应用

最终效果图

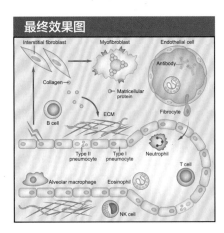

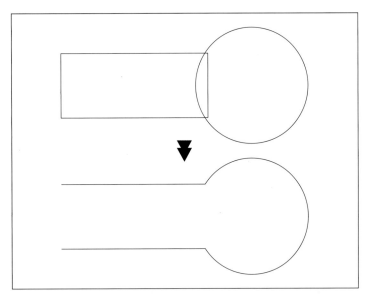

2. 选择工具栏中的「**圆角矩形工具**」绘制一个圆角矩形作为肺泡细胞胞体，使用「**椭圆工具**」在圆角矩形内绘制一个小椭圆，作为肺泡细胞的细胞核。打开「**画笔**」面板，将肺泡细胞拖进「**画笔**」面板中，创建图案画笔 1。将肺泡轮廓进行备份，选择其中一个肺泡轮廓路径，应用新建的图案画笔 1，并添加圆角效果，使肺泡轮廓转角处肺泡细胞可以连贯起来，将图案画笔扩展外观。

圆角

半径(R)：3 mm

☑ 预览(P)　　确定　　取消

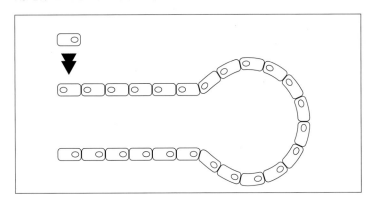

3. 为肺泡的轮廓与肺泡细胞添加填色、描边与内发光的效果。可选择个别的肺泡细胞，进行填充和描边颜色的修改。

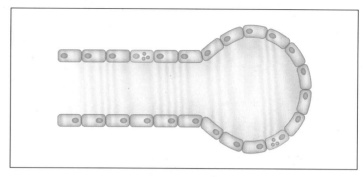

💡 *Tip*

肺泡细胞具有填色和描边，添加内发光效果时，只对填色添加效果，需要在「外观」面板中填色，再添加效果。

◆ 绘制纤维状的胶原蛋白与微纤维

1. 绘制纤维状的胶原蛋白：使用「钢笔工具」或「铅笔工具」绘制稍有一定弧度的路径，使这些路径相互交错，交织成网状结构。框选所有的路径，在控制栏设置描边颜色与描边粗细，选择"宽度配置文件1"。选择其中的一些路径，改变描边粗细，使网络结构中纤维状的胶原蛋白粗细不一。

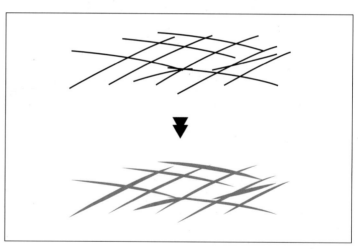

2. 绘制微纤维：使用「钢笔工具」或「铅笔工具」绘制一条波浪状的曲线，设置描边颜色为浅色系，描边端点为"圆头端点"。打开「外观」面板，添加新描边，选择下层的描边，设置描边颜色为深色系，描边粗细比上层描边粗，同样设置描边端点为"圆头端点"。利用 Alt 键复制微纤维，调整其位置与角度，分布在胶原蛋白上。

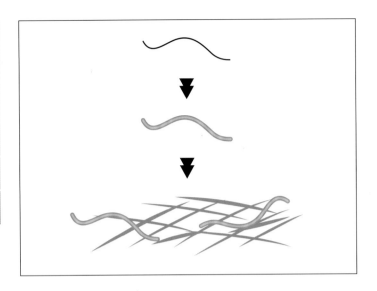

3. 将纤维状的胶原蛋白与微纤维分布在肺泡的四周。

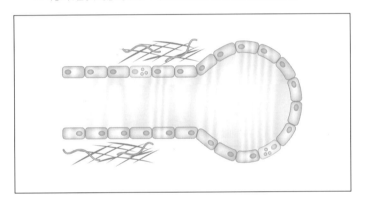

💡 **Tip**

将网状结构的胶原蛋白创建为艺术画笔，使用「钢笔工具」或「铅笔工具」绘制路径，再选择新创建的艺术画笔，可快速绘制胶原蛋白。

◆ 绘制各种类型的细胞

1. 绘制间质成纤维细胞：使用「钢笔工具」直接勾勒细胞的轮廓，按着 Shift 键，点击并向右拖动钢笔光标，建立第一个锚点后松开 Shift 键。同样的操作，在第一个锚点的右上角与较远的右端，分别建立第二个、第三个锚点。点击第三个锚点，将该描点转换为尖角，使该锚点只有一边手柄。如前面锚点建立的操作，在第二个锚点的下方建立第四个锚点。最后直接点击第一个锚点，钢笔路径连成一个闭合图形，完成间质成纤维细胞的轮廓，添加填色和描边，设置描边边角为"圆角连接"，添加填色、内发光效果。再使用「椭圆工具」绘制细胞核，添加填色、内发光效果，移动到成纤维细胞上，使细胞核稍作旋转。

💡 **Tip**

使用「钢笔工具」建立路径锚点时，不松开鼠标左键，按着 Shift 键，手柄以 45° 为单位旋转。此处按着 Shift 键，可使手柄为水平。按着 Alt 键，可调整单边的手柄，从而控制路径的走向。

按着空格键，可移动锚点的位置。

（建立锚点时不放开鼠标左键，才能通过按键来调整锚点及手柄，确定不再调整锚点及手柄后，先松开鼠标左键，再松开按键）

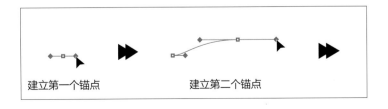

建立第一个锚点   建立第二个锚点

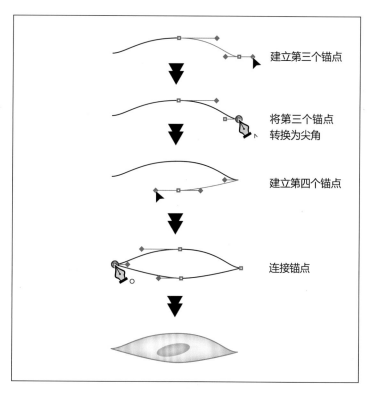

建立第三个锚点

将第三个锚点
转换为尖角

建立第四个锚点

连接锚点

延伸知识：快速绘制成纤维细胞的轮廓

使用「椭圆工具」绘制一个较扁平的椭圆，使用「直接选择工具」选择椭圆左右的两个端点，点击控制栏中的「将所选锚点转换为尖角」，将描边边角设置为"圆角连接"。

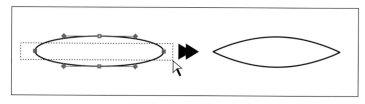

2. 绘制成肌纤维细胞：要绘制凹凸不平的细胞，可先使用「椭圆工具」绘制一个椭圆，再添加粗糙化效果，接着对其进行扩展外观，最后添加填色、描边与内发光效果。

为细胞添加很多的细节，如细胞核等，完成细胞的绘制。

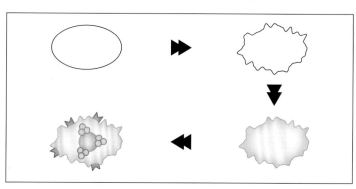

3. 绘制内皮细胞：使用「**矩形工具**」绘制一个扁长的矩形。按着 Shift 键，使用「**多边形工具**」（上、下方向键控制边数）绘制一个正三角形，调整三角形的角度与形态，移动至矩形的中下方，使其水平居中对齐。打开「**路径查找器**」，将矩形与三角形进行联集，得到内皮细胞胞体。为联集的图形添加圆角效果，使边角变得圆滑。使用「**椭圆工具**」绘制一个小椭圆作为细胞核，对细胞体和细胞核进行填色。

打开「**画笔**」面板，将内皮细胞创建图案画笔 2。按着 Shift 键，使用「**椭圆工具**」绘制一个正圆，作为血管腔，选择图案画笔 2，对其进行扩展外观、添加效果等。

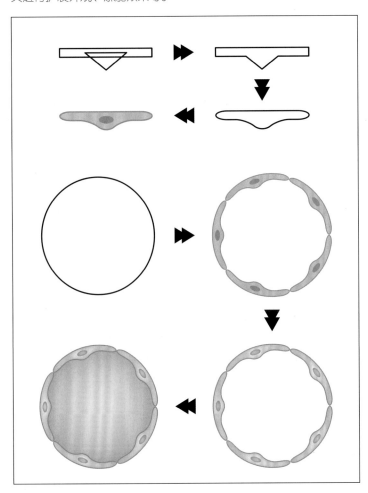

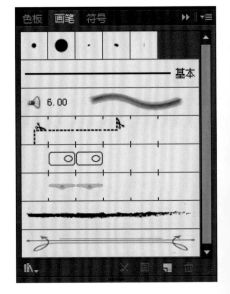

> **Tip**
>
> 绘制细胞膜上的蛋白，使用「**矩形工具**」绘制一矩形，点击菜单栏中「**对象**」>「**路径**」>「**添加锚点**」。使用「**直接选择工具**」选择矩形上边框中间的锚点，按键盘上的向下方向键至合适的位置。设置描边边角为"圆角连接"，添加填色、描边与内发光效果。

◆ 绘制抗体

1. 使用「**钢笔工具**」在画板外点击建立第一个锚点，在该锚点的右下方建立第二个锚点，按着 Shift 键，在第二个锚点的正下方建立第三个锚点，设置填充颜色为"无"，描边颜色为"浅绿色"，描边粗细为"2.5 pt"，描边边角为"圆角连接"，绘制出一条"重链"。在"重链"斜边的左下方，再绘制一小段斜线，作为"轻链"，保持相同倾斜度，两条"链"作为抗体的一边。切换到「选择工具」框选两条"链"，进行轮廓化描边，使描边变为图形，设置描边颜色为"深绿色"，描边粗细为"0.5 pt"，描边边角为"圆角连接"。

2. 使用「直线段工具」绘制一条直线段垂直穿过斜边，设置描边颜色为"无"。切换到「选择工具」，点击空白处取消选择直线段，在控制栏设置填充颜色为"橘黄色"，描边颜色为"无"。框选直线段与抗体的一边。选择工具栏中的「形状生成器工具」（ ）里的隐藏工具「实时上色工具」（ ），将光标移动至抗体的上端，光标的左下角出现提示：点击以建立"实时上色"组。点击鼠标，以直线段为边界，抗体的上端填充上"橘黄色"。移动鼠标到另一斜边的上端，出现一个红色边框，同样点击填充上"橘黄色"。切换回「选择工具」，将抗体的一边进行对称复制，完成抗体的绘制。

组合元素：绘制完成所有的元素，将它们组合起来，添加文字与标注线等，完成细胞综合大图的绘制。

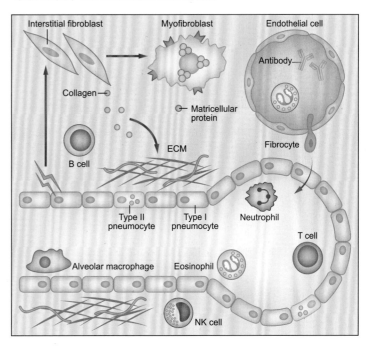

Tip

按着「形状生成器工具」不放，就会出现隐藏的工具，选择「实时上色工具」。

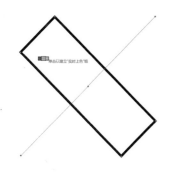

Note

对于形状不规则的对象，尽量使用简单的几何图形与线条，通过进一步的编辑来绘制，或是通过工具栏中的特别的工具来绘制。

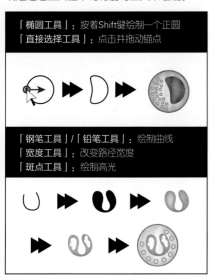

「椭圆工具」：按着Shift键绘制一个正圆
「直接选择工具」：点击并拖动锚点

「钢笔工具」/「铅笔工具」：绘制曲线
「宽度工具」：改变路径宽度
「斑点工具」：绘制高光

塞子教授

Chapter *8*
实验仪器

EASY ★☆☆

实例一、培养皿

双击打开素材「0801.ai」。

◆ 绘制培养皿

1. 选择工具栏中的「**椭圆工具**」，在画板中空白处绘制一个大小约为"宽 24 mm、高 10 mm"的椭圆，在控制栏设置填充颜色为"无"，描边颜色为"黑色"，描边粗细为"0.75 pt"。切换为「**选择工具**」，点击椭圆并向下拖动，同时按着 Shift+Alt 键不放，移动约"2.8 mm"，复制的椭圆与原来的椭圆部分重叠，分别作为培养皿的顶部与底部。

最终效果图

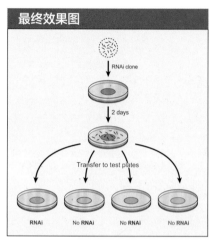

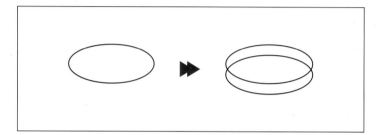

2. 选择工具栏中的「**直线段工具**」，在智能参考线的辅助下，将光标移动至上方椭圆的左端点，出现荧光色"锚点"二字，按着 Shift 键，点击并向下拖动至下方椭圆的左端点，此时会出现"端点"二字，先松开 Shift 键，后放开鼠标。切换回「**选择工具**」，点击直线段并水平向右移动，同时按着 Shift+Alt 键不放，使复制的直线段与椭圆的右端点相交，先松开鼠标左键，再放开键盘按键。完成培养皿整体轮廓的绘制。

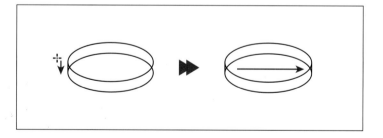

3. 框选整个培养皿，选择工具栏中的「**形状生成器工具**」（图标），将光标移动至培养皿上由线条围起来的图形区域内，该区域会出现灰色网格，培养皿上共有五个图形。鼠标点击上方的图形区域，不要松开鼠标，向下拖动至中间的图形区域中，出现一个红色的椭圆框住这两个区域，松开鼠标，两个图形合并在一起。再移动光标至左边的图形区域，点击并向下方的图形区域拖动，这两个区域合并在一起成为一个区域。再从该区域到点击拖动至右边的图形区域，

> **Note**
>
> 使用「**形状生成器工具**」，可通过合并或擦除简单形状，来创建复杂形状。

下方的三个图形组合在一起，现在只有两个图形组成一个扁扁的圆柱体。

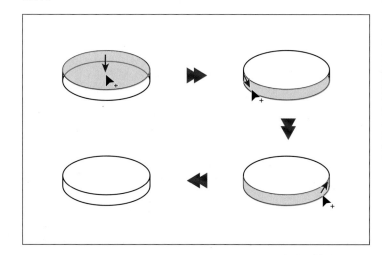

🔆 **Tip**

使用「**形状生成器工具**」时，对于细小的区域，可使用「**缩放工具**」增大视图比例，或按着 Alt 键，滚动鼠标滑轮增大或缩小视图比例，以便观察。

4. 选择工具栏中的「**选择工具**」，点击上方的椭圆并向下拖动，同时按着 Shift+Alt 键，使其靠近下方的图形的边框，先松开鼠标左键，再放开键盘按键。复制的椭圆使得培养皿的底部有一定的厚度。

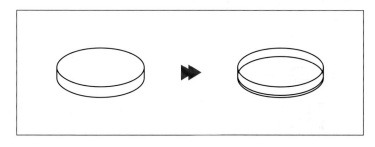

🔆 **Tip**

在进行步骤 5 前，利用「**选择工具**」框选步骤 4 中绘制的培养皿。按着 Alt 键，点击并拖动培养皿，进行复制备份。

对于需要进行扩展、扩展外观、轮廓化描边，或使用「**路径查找器**」面板、「**形状生成器工具**」等改变本质的操作，最好在此之前进行备份。

5. 框选培养皿，选择工具栏中的「**形状生成器工具**」，依次点击培养皿中由线条围成的四个区域，生成四个封闭的图像。切换为「**选择工具**」，从上到下数起，选择第一、第三个图形，在控制栏设置填充颜色为"灰色渐变"，选择第二个图形，设置填充颜色为"浅灰色"，选择最后一个图形，设置填充颜色为"灰色"。框选培养皿，鼠标右键进行编组，完成培养皿的绘制，将其拖动到画板外。

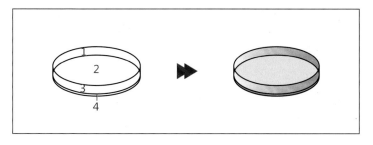

◆ 添加培养皿内容物

1. 按着键盘上的空格键，画板中的光标临时切换到「**抓手工**

具」，鼠标点击拖动画板视野，使绘制培养皿中步骤 4 中备份的培养
皿在视图中部，松开空格键。选择培养皿的上方椭圆，并向下拖动
约 "1.4 mm"，同时按着 Alt+Shift 键，垂直向下复制一份椭圆在培养
皿中。在控制栏设置填充颜色为 "浅黄色"，描边颜色为 "深灰色"，
描边粗细为 "0.5 pt"，作为培养液的表面。

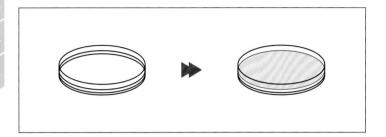

　　2. 选择工具栏中的「**椭圆工具**」，在浅黄色椭圆上方绘制一个
大小约为 "宽 8.6 mm、高 3.7 mm" 的小椭圆。切换到「**选择工具**」，
选择浅黄色椭圆与小椭圆，以浅黄色椭圆为关键对象，使小椭圆水
平和垂直居中对齐浅黄色椭圆。在控制栏设置填充颜色为颜色组 1
中的第一个色板，描边颜色为颜色组 1 中的第二个色板，描边粗细
为 "0.75 pt"，作为培养皿中的培养诱导物质。

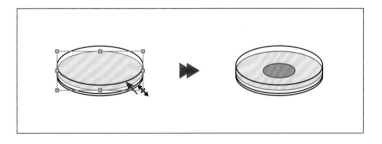

　　3. 选择培养液的表面下方的椭圆，在控制栏设置填充颜色为
"暗黄色"。按着选择最上方的椭圆，按快捷键 Ctrl+C 进行复制，在
按快捷键 Ctrl+B 粘贴在后面，在控制栏设置填充颜色为 "灰色渐
变"。最后选择最下方的图形，按快捷键 Ctrl+C 进行复制，再按快
捷键 Ctrl+F 粘贴在前方，在图形选择的状态下，点击鼠标右键将其
排列置于底层，在控制栏设置填充颜色为 "浅灰色"，完成培养皿的
填色。

📝 *Note*

使用「**选择工具**」选择对象时，点选对象的
填色或描边即可以将对象选择上；从对象外
点击并拖动鼠标，出现的虚线框只要触碰到
对象任何一小部分，即可以将对象选择上。
需要注意的是，当对象没有填色时，需要点
选或框选对象的描边才能选择上。

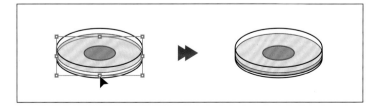

E
A
S
Y
★
☆
☆

4. 打开「**符号**」面板，选择细菌符号。双击选择工具栏中「**符号喷枪工具**」，在弹出的符号工具选项中设置画笔直径为"3.53 mm"，强度为"4"，符号组密度为"4"，点击确定。在培养液表面按着鼠标左键不放，添加细菌符号。选择「**符号位移器工具**」与「**符号旋转器工具**」，对细菌符号组进行移位与旋转角度调整。

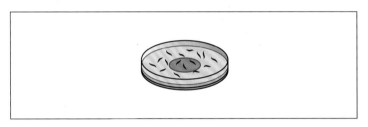

利用 Alt 键复制多个培养皿，改变培养皿内容物的填色，在画板中放置好位置，添加文字与箭头等元素，完成插图。

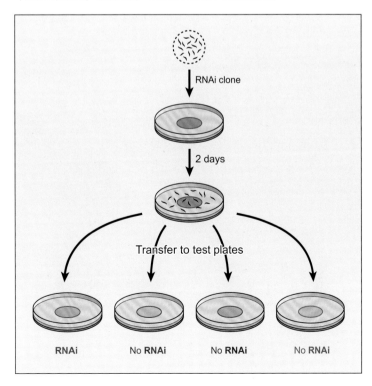

实例二、Transwell 小室和培养板

双击打开素材「0802.ai」。

◆ 绘制 Transwell 小室

1. 选择工具栏中的「**矩形工具**」，光标在画板中空白处点击，在弹出的选项框里设置矩形的宽为"12 mm"、高为"8.5 mm"。在控制栏设置矩形的填充颜色为"无"，描边颜色为"灰色"，描边粗细为"0.75 pt"。打开「描边」面板，设置描边边角为圆角连接。

2. 选择工具栏中的「**椭圆工具**」，光标在矩形下方空白处点击，在弹出的椭圆框里设置宽为"12 mm"、高为"1.8 mm"，小椭圆的填色和描边与矩形相同。同样的方法，在矩形的上方绘制一个宽为"13 mm"、高为"2.5 mm"的中椭圆与一个宽为"22 mm"、高为"4.5 mm"的大椭圆。

最终效果图

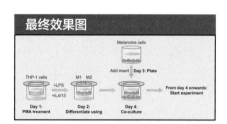

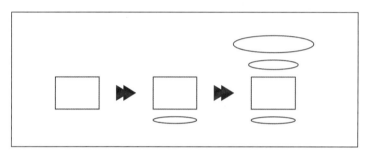

3. 切换回「**选择工具**」，框选所有的对象，在控制栏或在「**对象**」面板中设置所有对象水平居中对齐。鼠标在键点击空白取消选择所有对象。选择下方的小椭圆，向上拖动，同时按着 Shift 键，当出现荧光色"交叉"二字，先松开鼠标后放开 Shift 键，使小椭圆的中心点在矩形下边框上。同样的操作，使中椭圆与大椭圆的中心点在矩形的上边框上。

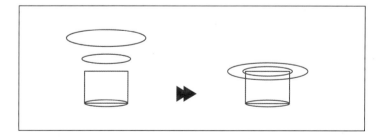

4. 选择矩形，再选择工具栏中的「**自由变换工具**」（▦），将光标移动到矩形的右上角，当出现 45° 倾斜的双箭头时，向右拖动并不放开鼠标，同时按 Ctrl+Shift+Alt 键，矩形的上边框同时向外延伸，下边框不动。在智能参考线的辅助下，当上边框延伸到中椭圆的右

📝 **Note**

「自由变换工具」配合不同的按键，可以有特定的变换效果。先在定界框的角点上拖拉，确定可以进行缩放，不要松开鼠标的同时执行如下操作：

按着 Ctrl 键，可进行某一点扭曲；
按着 Ctrl+Alt 键，可进行对角点扭曲；
按着 Ctrl+Shift 键，可斜切；
按 Ctrl+Shift+Alt 键，可透视（如实例中的矩形变成梯形）。

另外，鼠标在定界框的角点上拖拉，按着 Alt 键是中心缩放，按着 Shirt 键是按比例缩放。

端点时，会出现荧光色的"端点"二字。此时先松开鼠标左键，再松开键盘按键，完成 Transwell 小室的轮廓绘制。

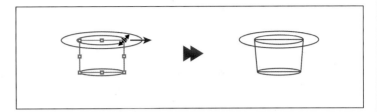

5. 选择工具栏中的「**直接选择工具**」，框选大椭圆与中椭圆上方的端点，按键盘上的向下方向键一次；框选或点选中椭圆下方的端点，按键盘上的向上方向键一次，令两个椭圆更扁平，Transwell 小室具有透视感。

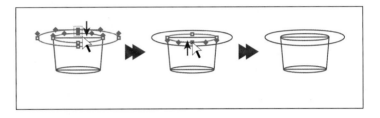

6. 选择工具栏中的「**选择工具**」，选择中椭圆与大椭圆，选择工具栏中的「**形状生成器工具**」，点击两椭圆之间的区域部分，生成一个圆环。切换回「**选择工具**」，点击空白处取消选择，选择生成的圆环，在控制栏设置填充颜色为"灰色渐变"，按快捷键 Ctrl+C 进行复制，再按快捷键 Ctrl+F 粘贴在前方，复制一份圆环，按键盘上的向上方向键一次。框选两个圆环，点击菜单栏中「**对象**」>「**隐藏**」>「**所选对象**」，将两个圆环隐藏。

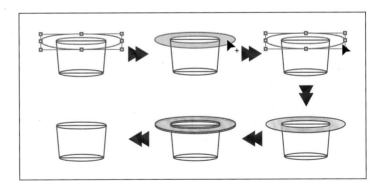

7. 使用「**选择工具**」选择下方的小椭圆，按快捷键 Ctrl+C 进行复制。框选所有对象，再选择「**形状生成器工具**」，从最上方的区域拖动到最下方的区域，将这些图形合并为一个倒置的圆台。切换回「**选择工具**」，在控制栏设置填充颜色为"浅蓝渐变"，打开「**渐变**」面板，将渐变的角度设置为"90°"。

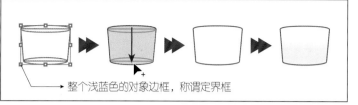

整个浅蓝色的对象边框，称谓定界框

8. 按快捷键 Ctrl+F 粘贴在前方，复制小椭圆，在控制栏设置填充颜色为"蓝色渐变"，按键盘上的向上方向键一下，使小椭圆稍向上移。按着 Alt 键不放，将光标移动到定界框右边中间的小方框上，出现横向的双箭头，拖动鼠标使椭圆的左右两端点刚好落在小室两侧，作为 Transwell 小室的底部。重复该操作，复制一个底部椭圆在 Transwell 小室的中部，作为液面。点击菜单栏中「**对象**」>「**显示全部**」，将圆环显示。框选所有图形，鼠标右键进行编组，完成 Transwell 小室的绘制。

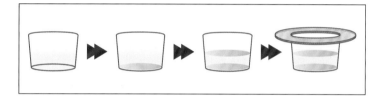

◆ 绘制培养板

1. 选择工具栏中的「**矩形工具**」，光标在画板中空白处点击，在弹出的选项框里设置宽为"16 mm"、高为"12 mm"。在控制栏设置矩形的填充颜色为"无"，描边颜色为"灰色"，描边粗细为"0.75 pt"。打开「**描边**」面板，设置描边边角为"圆角连接"。

2. 选择工具栏中的「**椭圆工具**」，光标在矩形下方空白处点击，在弹出的选项框里设置宽为"16 mm"、高为"2.4 mm"，椭圆的填色和描边与矩形相同。切换到「**选择工具**」，利用智能参考线，使椭圆的中心点过矩形的下边框。利用 Alt+Shift 键，将椭圆垂直向上复制一份，同样使复制的椭圆的中心点过矩形的上边框，绘制出培养板的基本轮廓。

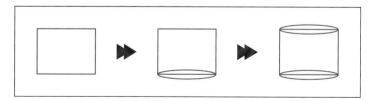

3. 使用「**选择工具**」选择矩形与两个椭圆，选择工具栏中的「**形状生成器工具**」，从最上方的区域点击并向下拖动鼠标，横跨矩形的上边框即可，矩形的上边框消失，生成完整的一个椭圆。再点击图形中间的区域，同时向下拖动至最下方的区域，生成一个向下凹的拱形，绘制完成培养板的轮廓。

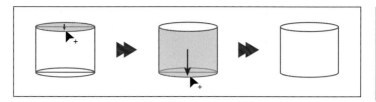

4. 选择工具栏中的**「选择工具」**，选择下方的拱形，在控制栏中设置填充颜色为 "浅蓝渐变"。打开**「渐变」**面板，设置角度为 "90°"。选择上方的椭圆，利用 Alt+Shift 键，垂直向下复制一份椭圆，使其靠近拱形的弧线。先松开鼠标，后放开键盘按键。再利用 Alt 键，向中心缩短椭圆的宽度。在控制栏中设置填充颜色为 "蓝色渐变"，描边颜色为 "无"。框选图形，鼠标右键进行编组，完成培养板的绘制。

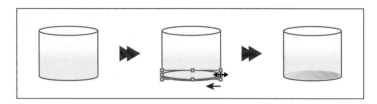

◆ 元素的组合与添加文字、箭头

1. 利用智能参考线，可以使 Transwell 小室与培养板水平居中对齐，Transwell 小室上方的椭圆与培养板上方的椭圆的中心点对齐。选择培养板，点击鼠标右键将其排列置于底层。

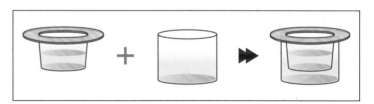

2. 使用工具栏中的**「铅笔工具」**与**「椭圆工具」**绘制细胞，使用工具栏中的**「直线段工具」**绘制箭头的轮廓，在**「描边」**面板中设置箭头的样式，使用**「文字工具」**添加文字。

将各元素组合并进行排版，最后添加灰色背景，完成插图的绘制。

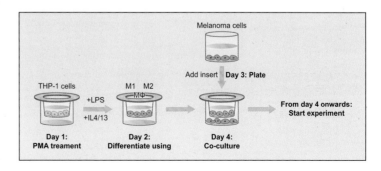

实例三、离心管

双击打开素材「0803.ai」。

◆ **绘制离心管**

1. 选择工具栏中的「**矩形工具**」，在离心管的上方绘制一个大小约为"宽 8.5 mm、高 1 mm"的矩形，设置填充颜色为"灰色渐变"，描边颜色为"黑色"，描边粗细为"1 pt"。

2. 选择工具栏中的「**钢笔工具**」，将钢笔光标靠近矩形的左下方，点击鼠标，建立第一个锚点。

按着 Shift 键，在第一个锚点的下方，使距离约为"15 mm"，建立第二个锚点，得到一条垂直直线段。

再次按着 Shift 键，钢笔光标在第二个锚点的右下方，同样在智能参考线的作用下，使钢笔光标笔端与矩形水平居中对齐，使距离约为"16 mm"，鼠标点击并向右拖动，拉出水平的手柄，绘制一条弧线段，建立的第三个锚点所在处为离心管的管底。先松开鼠标左键，再松开键盘按键，完成离心管左边轮廓的绘制。

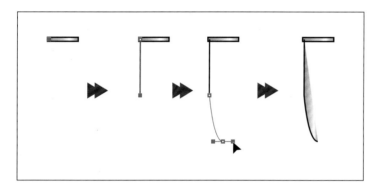

3. 切换到「**选择工具**」，选择路径。选择工具栏中的「**镜像工具**」，按着 Alt 键，移动到第三个锚点处，在智能参考线的作用下会出现荧光色的"端点"二字，点击鼠标，弹出镜像选框。勾选预览查看效果，在默认情况下为轴"垂直"对称，点击复制。切换回「**选择工具**」，框选两条路径，点击鼠标右键选择连接，下方的锚点连接起来，成为一条路径，离心管填充上颜色。点击鼠标右键使其排列置于底层。

钢笔工具的应用
镜像工具的应用
实时上色工具的应用

最终效果图

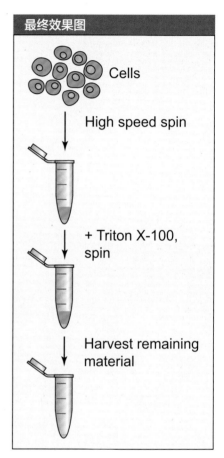

💡 *Tip*

若没有出现荧光色直线段，即没有开启智能参考线。可在菜单栏中选择视图，勾选智能参考线。使用快捷键 Ctrl+U 可快速启动或关闭智能参考线。

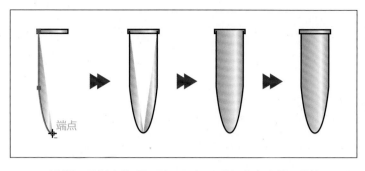

水平居中对齐

4. 选择工具栏中的「**矩形工具**」，利用智能参考线，将十字光标移动至离心管上方，与左边离心管管壁对齐，绘制一个与离心管等宽的矩形，高约为"2.5 mm"，其样式与离心管的样式相同。在矩形的上方再绘制一个大小约为"宽 9 mm、高 0.8 mm"的矩形。切换为「**选择工具**」，使上方的小矩形叠加在大矩形上。框选两个矩形，点击下方的大矩形使其为对齐关键对象。打开「**对齐**」面板，选择水平居中对齐。点击鼠标右键对其进行编组，作为离心管的盖子。利用 Shift键，将其逆时针旋转 145°，移动到离心管的左上端。

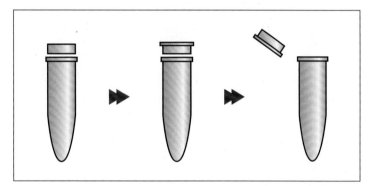

5. 选择工具栏中的「**钢笔工具**」，在控制栏设置填充颜色为"无"，描边粗细为"2.5 pt"，描边边角为圆角连接。使用「**钢笔工具**」绘制一折线，将离心管的盖子与离心管连接起来，鼠标右键使其排列置于底层。点击菜单栏中「**对象**」>「**路径**」>「**轮廓化描边**」，将描边转化为图形，在控制栏设置填充颜色为"灰色渐变"，描边颜色为"黑色"，描边粗细为"1 pt"。

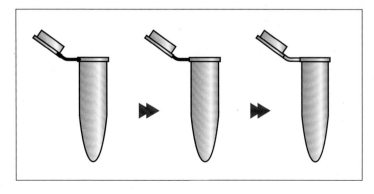

6. 选择工具栏中的「**直线段工具**」，在控制栏设置描边颜色为
"灰色"，描边粗细为 "1 pt"。按着 Shift 键，在离心管的管壁上方
绘制一条约 "4.5 mm" 的水平直线段，先松开鼠标左键，再松开键
盘按键，作为管壁上的刻度线。切换为「**选择工具**」，利用 Alt+Shift
键，在第一条刻度线下方复制另外两条相同的刻度线。选择三条刻
度线，打开「**对齐**」面板，设置对齐方式为对齐所选对象，再设置
垂直居中分布，完成开口离心管的绘制。

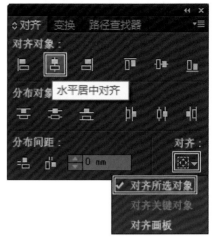

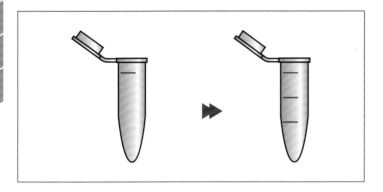

◆ 在离心管中添加物质

1. 选择工具栏中的「**直线段工具**」，按着 Shift 键，在离心管的
下方绘制两条水平直线段，均横穿垂直于离心管。切换回「**选择工
具**」，选择两条直线段，在控制栏设置描边颜色为 "无"，按着 Shift
键，加选离心管壁。

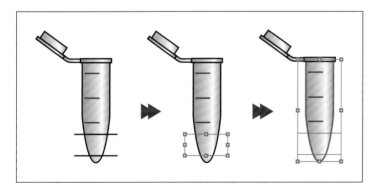

2. 选择工具栏中的「**实时上色工具**」，将光标移动到选择的对
象上，会出现红色的文字：单击以建立 "实时上色" 组。在光标的
左上方有三个颜色块，按键盘上的向左或向右的方向键，切换光标
上方的颜色，使 "橙色" 居于三个颜色块的中间。点击下方直线段
与离心管围成的区域，该区域被填充上 "橙色"，描边颜色不变。当
光标在该区域上方时，有红色的粗边框围着。移动光标到两条直线
段围着的离心管区域，同样出现红色的粗边框，切换光标上方中间
的色块为 "蓝色"，点击使其填充上 "蓝色"。切换回「**选择工具**」，

选择"实时上色"组，点击鼠标右键将其排列置于底层，完成在离心管内添加物质。

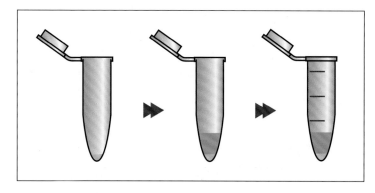

3. 利用 Alt 键，复制一份步骤 2 中绘制完成的离心管，选择工具栏中的「**直接选择工具**」，选择上方的直线段，按 Delete 键两次，将其删除，蓝色的区域会消失，表示去除上方的物质。还可以上下移动直线段，区域的颜色会随着直线段的移动而改变。

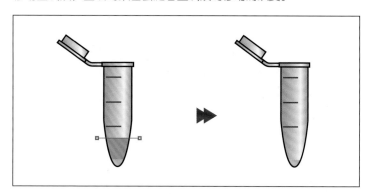

使用「**铅笔工具**」绘制细胞，并填充上颜色。添加相关的文字与箭头，对各元素进行排列。最后添加一个矩形背景，使其排列置于底层，完成本次插图的绘制。

实例四、试管

双击打开素材「0804.ai」。

◆ 绘制试管

1. 选择工具栏中的「**圆角矩形工具**」，在控制栏设置填充颜色为"无"，描边颜色为"黑色"，描边粗细为"1 pt"。在画板空白处拖动十字光标，绘制一个大小约为"宽 8 mm、高 30 mm"的圆角矩形，在不松开鼠标的状态下，按键盘上的向下与向下方向键，可调节圆角的大小。

2. 选择工具栏中的「**椭圆工具**」，将十字光标移动到圆角矩形的左边框上，靠近顶部。利用智能参考线，绘制一个与圆角矩形等宽的椭圆，高约为"2 mm"，椭圆将圆角矩形分成了三个区域。

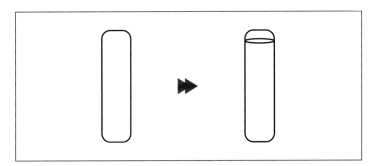

3. 切换到「**选择工具**」，框选圆角矩形与椭圆。选择工具栏中的「**形状生成器工具**」，按着 Alt 键，光标下方的"+"号会变成"−"号。将光标移动到最上方的区域，点击以删除该区域，后松开 Alt 键。继续点击中间与下方的区域，生成两个图形，绘制出试管的大概轮廓。

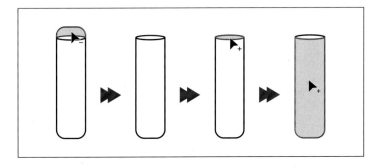

4. 切换到「**选择工具**」，选择下方的试管壁图形，按快捷键 Ctrl+C 进行复制。选择上方的椭圆，利用 Alt+Shift 键，垂直向下复制一个椭圆，作为试管溶液的液面。框选复制的椭圆与试管壁图形，选择工具栏中的「**形状生成器工具**」，同样分别点击围成的三个区域，生成三个形状。

最终效果图

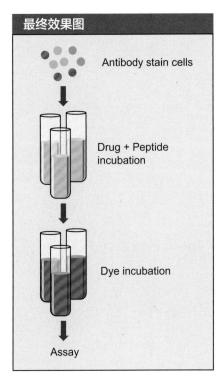

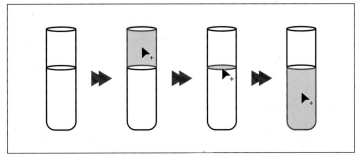

5. 切换到「**选择工具**」，选择表示试管口的椭圆，在控制栏设置填充颜色为"玻璃"。选择试管壁上方的图形，设置填充颜色为"玻璃"，描边颜色为"无"；选择中间的椭圆，设置填充颜色为"液面1"，描边颜色为"无"；选择试管壁下方的图形，在控制栏设置填充颜色为"溶液1"，描边颜色为"无"。在步骤4中复制了试管壁黑色轮廓，现在按快捷键Ctrl+F粘贴在前面。

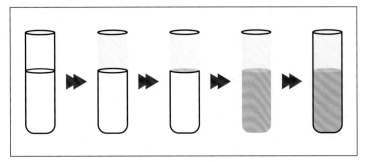

◆ 添加高光与投影

1. 使用「**选择工具**」选择试管壁的黑色轮廓，向右移动的时候，按着Alt+Shift键，使其在水平方向上进行快速复制，移动的距离约为"0.7 mm"，先松开鼠标左键，再松开键盘按键。选择复制的图形，稍向右下方移动，按着Alt键，进行再一次的复制。

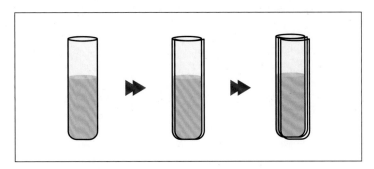

2. 使用「**选择工具**」选择填充颜色为"溶液1"的图形，按快捷键Ctrl +C进行复制，再按快捷键Ctrl+F粘贴在前面，在控制栏设置填充颜色为"高光1"。按着Shift键，加选在上一步骤中复制的两个图形。选择工具栏中的「**形状生成器工具**」，点击液面下靠近左边框的细长区域，使该区域生成一个图形。按着Alt键，点击或拖拉划过其他区域，删去其他的区域，只剩下最开始生成的图形。切换为「**选择工具**」，在控制栏设置生成的图形的描边颜色为"无"，作为试管的高光部分。

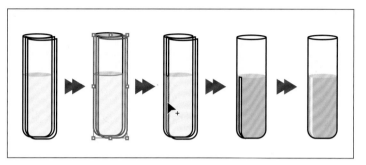

3. 选择高光图形，点击鼠标右键，选择「**变换**」>「**对称**」，弹出镜像选框，勾选预览查看效果，其他选项保持默认情况，点击复制。在控制栏设置复制的对称图形的填充颜色为"投影 1"，向右拖动的同时按着 Shift 键，使其水平移动到试管的右边，作为试管的投影部分，完成试管的绘制。

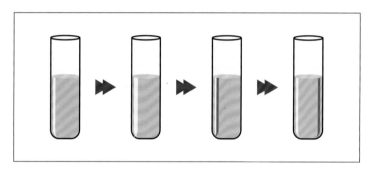

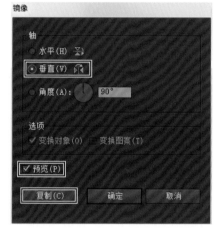

4. 使用「**选择工具**」框选整个试管，按着 Alt 键，快速复制若干试管。改变试管液面、溶液、高光与投影的颜色，获得另外一组溶液。

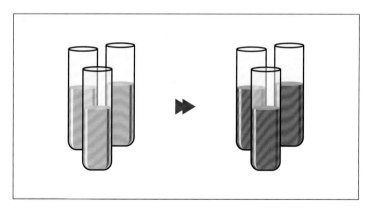

接下来，使用不同颜色的圆表示细胞，为插图添加文字与箭头，在画板中将各个元素排放好。最后为插图添加上一个灰色的背景，使其排列置于底层，完成插图的绘制。

实例五、透明小鼠饲养盒

双击打开素材「0805.ai」。

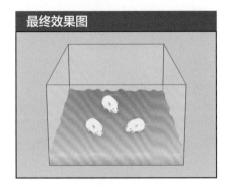

◆ 绘制透明小鼠饲养盒

1. 选择工具栏中的「**矩形工具**」，在画板空白处绘制一个大小约为"宽 82 mm、高 50 mm"的矩形，在控制栏设置描边颜色为"无"。点击菜单栏中「**效果**」>「**3D**」>「**凸出和斜角**」，在弹出的3D 凸出和斜角选项框里，勾选预览查看效果。设置指定绕 X 旋转的角度为"−15°"，指定绕 Y 旋转与指定绕 Z 旋转的角度均为"0°"，透视效果为"75°"。设置凸出厚度为"400 pt"，表面为"线框"，点击确定，生成一个长方体的线框，其本体为一个长方形。

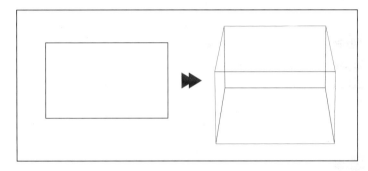

2. 选择工具栏中的「**选择工具**」，选择长方体线框，点击菜单栏中「**对象**」>「**扩展外观**」，使长方体扩展为若干个四边形。在控制栏设置填充颜色为"玻璃"，描边颜色为"边框"，描边粗细为"1 pt"，在「**描边**」面板中设置描边边角为"圆角连接"。

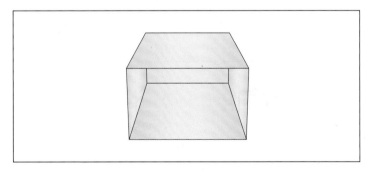

3. 长方体在选择的状态下，点击鼠标右键，选择取消编组，长方体依然为一个整体的编组，再次进行取消编组，此时可拖动组成长方体的四边形。选择长方体的顶层四边形，按 Delete 键，将其删去。框选长方体上表面，设置控制栏上的不透明度选项为"50%"。选择长方体前表面，点击鼠标右键将其排列置于顶层。再按快捷键Ctrl+C 进行复制，为之后的步骤作准备。

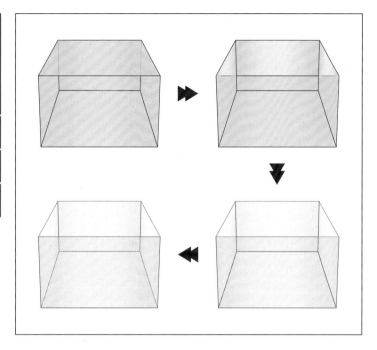

4. 选择工具栏中的「**直线段工具**」，利用 Shift 键绘制一条水平的直线段，使其横穿过长方体前表面，靠近下方。切换到「**选择工具**」，按着 Shift 键，加选长方体的前表面。打开「**路径查找器**」面板，选择分割。长方体前表面分成两部分，点击鼠标右键选择取消编组。选择长方体前表面的上方部分，按 Delete 键将其删去。选择剩下的长方体前表面下方部分，在控制栏设置填充颜色为"渐变 1"，描边颜色为"无"，打开「**渐变**」面板，设置角度为"90°"。

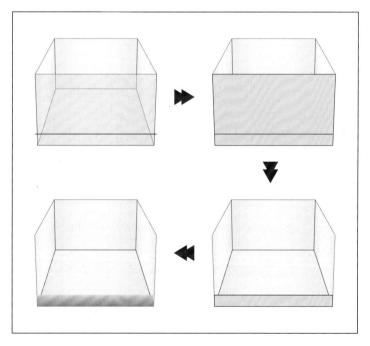

5. 选择长方体的底面，鼠标点击并向上拖动，同时按着键盘

上的 Alt+Shift 键，使复制的图形与正面扁长的方形稍有重叠，先松开鼠标左键，再松开键盘按键。在控制栏设置填充颜色为"渐变2"，描边颜色为"无"，不透明度为"100%"。打开「渐变」面板，设置角度为"90°"。点击菜单栏中「效果」>「扭曲和变换」>「粗糙化」，在弹出的粗糙化选框里，勾选预览查看效果，设置大小为"1%"，细节为"9"/英寸，点为"平滑"，点击确定。粗糙化图形在选择的状态下，鼠标右键使其排列置于顶层，可稍微调整位置，作为小鼠饲养盒的底部铺陈的物质。

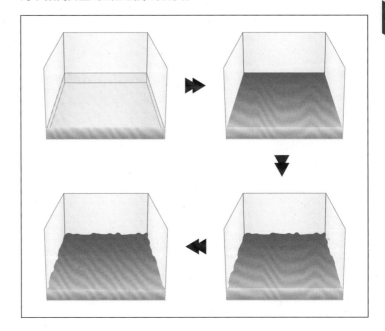

◆ 添加小鼠

1. 打开「符号」面板，选择小鼠符号，将其拖动到小鼠饲养盒的底面上。接着按快捷键 Ctrl+F，使之前复制的长方体前表面粘贴在前面。

2. 框选所有元素，点击鼠标右键进行编组，使其水平与垂直居中对齐画板。最后为插图添加一个背景，鼠标右键将其排列置于底层，完成插图的绘制。

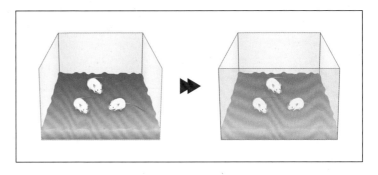

实例六、注射器

双击打开素材「0806.ai」。

◆ **绘制注射器顶部**

1. 选择工具栏中的「椭圆工具」，在画板空白处绘制一个大小约为"宽 9 mm、高 3 mm"的椭圆，在控制栏设置椭圆的填充颜色为"灰色渐变"，描边颜色为"黑色"，描边粗细为"0.5 pt"。

2. 选择工具栏中的倒数第二个图标中的背面绘图，选择工具栏中的「矩形工具」，利用十字光标在椭圆上拖动，绘制一个大小约为"宽 9 mm、高 3 mm"的矩形，此时矩形处于椭圆的下层。

3. 选择工具栏中的「椭圆工具」，使十字光标落在矩形下边框的中点上，按着 Alt 键，拖动鼠标，绘制一个与矩形等宽、高约为"1.7 mm"的小椭圆，先松开鼠标左键，再松开 Alt 键。同样的操作，再绘制一个大小约为"宽 13 mm、高 3 mm"的大椭圆，其中心位置与小椭圆的中心位置相同。

4. 选择工具栏中的「选择工具」，点击选择矩形，按着 Shift 键，点击加选小椭圆。打开「路径查找器」面板，选择联集，将矩形与小椭圆合并成一个图形。框选所有图形，选择上方的椭圆为对齐关键对象，在「对齐」面板中选择水平居中对齐，点击鼠标右键进行编组，作为注射器的顶部。

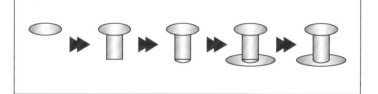

◆ **绘制注射器管身**

1. 选择工具栏中的「矩形工具」，在注射器顶部的下方绘制一个大小约为"宽 6.5 mm、高 34 mm"的大矩形，在大矩形下方绘制两个等宽的小矩形，宽约为"5 mm"，高分别约为"0.5 mm""1 mm"，最后绘制一个大小约为"宽 4 mm、高 8 mm"的矩形。

2. 最下方的矩形在选择状态下，选择工具栏中的「自由变换工具」，光标放在定界框的右下角的小方框上，出现 45°的双箭头。点击并向左拖动，同时按着 Shift+Alt+Ctrl 键，矩形的下方的两个锚点同时向内缩进，使其成为一个等边梯形，作为注射器的下端，连接针管。

最终效果图

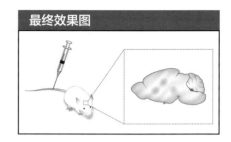

背面绘图

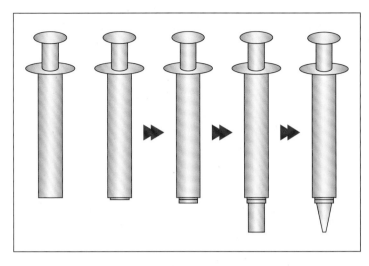

3. 选择工具栏中的「**选择工具**」，使上方的大矩形与注射器的按手叠加在一起，下面的图形依次靠着，框选所有图形，选择其中一个图形作为对齐关键对象，在「**对齐**」面板中选择水平居中对齐。

4. 选择大矩形及紧贴下方的小矩形，打开「**路径查找器**」面板，选择联集，合并成一个图形，在控制栏中设置填充颜色为"白色"，作为注射器的管身。同样梯形及其上方的小矩形合并成一个图形作为锥头，在控制栏中设置填充颜色为"紫色渐变"。

5. 选择"白色"填充的注射器管身，点击工具栏下方的「**内部绘图**」，定界框外围会出现四个虚线折角。选择工具栏中的「**矩形工具**」，使十字光标落在顶部圆柱的左边框上，绘制一个与其等宽的矩形，在控制栏设置填充颜色为"灰色渐变"，紧靠着矩形再绘制另一个矩形至管身底部，设置填充颜色为"橙色渐变"，作为注射管内的液体。点击工具栏下方的「**正常绘图**」，退出内部绘图模式。

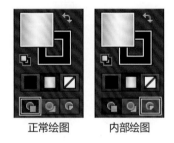

正常绘图　　　内部绘图

💡 *Tip*

按快捷键 Shift+D 可切换正常绘图、背面绘图与内部绘图三种模式。

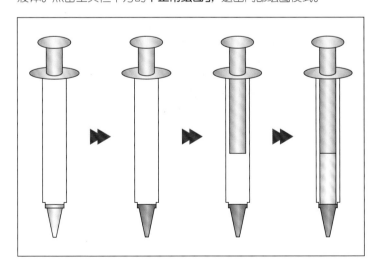

6. 选择工具栏中的「**椭圆工具**」，利用智能参考线，使十字光标落在注射器中线上，在"橙色渐变"矩形的上方。按着 Alt 键，拖

动鼠标，椭圆会以光标落点为参考点向外扩增，绘制一个大小约为"宽 9 mm、高 4 mm"的椭圆。在控制栏设置填充颜色为"深灰色"。

7. 选择工具栏中的「**直接选择工具**」，点击椭圆上方的锚点，按 Delete 键，删除与锚点相连的两条边。切换到「**选择工具**」，向下拖动半椭圆的同时，按着 Shift+Alt 键，复制一个半椭圆在"橙色渐变"矩形上，按着 Shift 键加选原来的半椭圆，点击鼠标右键选择连接两次，再进行一次连接生成一个下凹的图形作为活塞。

8. 按快捷键 Ctrl+X 对活塞进行剪切。使用内部绘图模式绘制的注射器管身以及内部作为一个剪切组，双击注射器管身进入隔离模式，按快捷键 Ctrl+F 对活塞进行贴在前面，活塞在管身外的部分被遮住。双击空白处退出隔离模式。

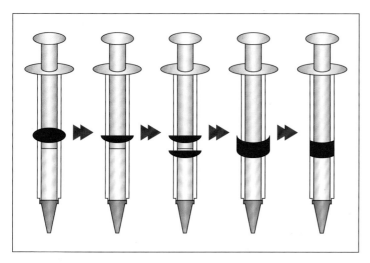

◆ 绘制注射器的刻度

1. 选择工具栏中的「**直线段工具**」，使十字光标落在"灰色渐变"矩形的左边框上，靠近上方，作为上端的总刻度容量线。按着 Shift 键，绘制一条宽约为"2 mm"的水平直线段，在控制栏设置描边颜色为"浅灰色"。切换到「**选择工具**」，向下拖动直线段至注射器管身的下端，同时按着 Shift+Alt 键，复制一条与原直线段水平居中对齐的直线段，作为零刻度线。

2. 使用「**直线段工具**」，使光标落在总刻度容量线的右锚点上，按着 Shift 键，向下拖动至零刻度线的右锚点上，打开「**描边**」面板设置垂直直线段的端点为"方头端点"。

3. 选择工具栏中的「**混合工具**」（），点击总刻度容量线，再点击零刻度线，两条刻度线之间会出现许多的直线。双击工具栏中的「**混合工具**」，在弹出的混合选项框内，选择设置间距为指定的步数，步数为"48"，可勾选预览查看效果，两条刻度线之间出现分布

步数，指中间的图形个数。创建具体数量的图形，注意减去首尾。

例如本插图需要创建 50 条分布均匀的刻度，减去首尾两条刻度，中间的刻度个数为 48。上方的步数要填入 48，而不是 50。

均匀的 48 条直线段，点击确定。

4. 选择工具栏中的「**选择工具**」，选择混合刻度线与垂直直线段，点击鼠标右键进行编组。打开右栏的「**透明度**」面板，点击混合模式的选项，默认是正常的模式，在出现的下拉菜单中选择正片叠底的混合模式，使刻度线与注射器更融合。

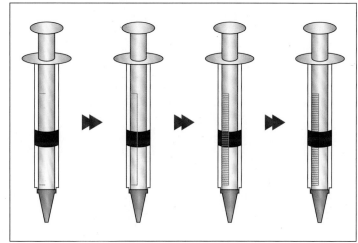

◆ 绘制注射器针管

1. 选择工具栏中的「**直线段工具**」，利用智能参考线，使光标落在紫色锥头下边框的中点上，按着 Shift 键，点击鼠标向下拖动，绘制一条高约为"18 mm"的垂直直线段，设置描边粗细为"1.5 pt"。

2. 点击菜单栏中「**对象**」>「**路径**」>「**轮廓化描边**」，使直线段路径变成一个细长的矩形。选择工具栏中的「**吸管工具**」，点击"灰色渐变"的图形，使针管具有与其相同的填色和描边。

3. 选择工具栏中的「**直接选择工具**」，选择针管的右下锚点，按着 Shift 键，使其垂直向上拖动一小段，作为针尖。切换到「**选择工具**」，框选所有图形，点击鼠标右键进行编组，完成注射器的绘制。

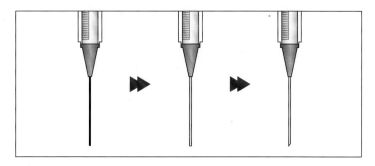

胡子猫

Great work !

Chapter 9
插图美化

实例一、不规则形状美化

双击打开素材「0901.ai」。

◆ 绘制原插图

1. 选择工具栏中的「**椭圆工具**」和「**圆角矩形工具**」绘制插图的基本轮廓，同时配合使用「**路径查找器**」面板或「**形状生成器工具**」绘制不规则的图形，在控制栏添加描边颜色与填充颜色。

2. 插图下方碎片可以使用工具栏中的「**刻刀工具**」，对图形直接进行切割。切换到「**选择工具**」移动位置，制作成碎片效果，此种效果也可用于表示蛋白或其他物质的降解。

3. 选择工具栏中的「**直线段工具**」，绘制直线段，打开「**描边**」面板，添加箭头，设置箭头类型与箭头的缩放。

4. 选择工具栏中的「**文字工具**」，添加标注，即可完成原插图的绘制，如图 A。

实例知识点

铅笔工具的应用
路径查找器或形状生成器工具的应用

美化前后效果图

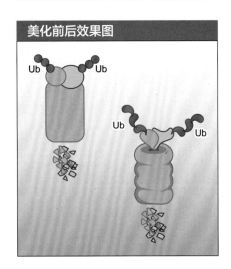

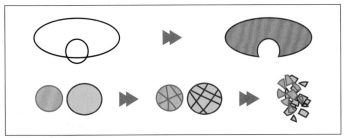

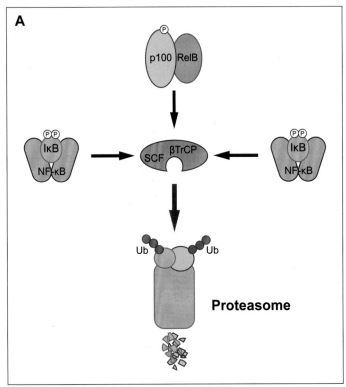

Note

保真度：控制光标移动多大距离才会向路径添加新锚点。值越高，路径就越平滑，复杂度就越低。值越低，曲线与指针的移动就越匹配，从而将生成更尖锐的角度。保真度的范围为 0.5~20 像素。

平滑度：控制使用工具时所应用的平滑量。平滑度的范围为 0~100%。值越高，路径就越平滑。值越低，创建的锚点就越多，保留的线条的不规则度就越高。

Tip

绘制不规则的图形，可使用「钢笔工具」直接进行描绘，配合「直接选择工具」编辑锚点，绘制出目标形状。

若具有一定的手绘能力，可在纸上绘制草图，扫描或拍摄后导入到电脑中。在 AI 中打开「图层」面板，点击面板下方的创建新图层图标，向下拖动图层，使其置于底层。将草图置入该图层上，调整好图片的大小及位置，点击「图层」面板右上方的菜单按钮，选择模板，使图片的透明度降低，并且该图层将被锁定，方便进行绘制。

◆ 美化插图

1. 选择工具栏中的「椭圆工具」和「圆角矩形工具」等工具绘制一个基本的轮廓，同时配合使用「路径查找器」面板或「形状生成器工具」绘制不规则的复杂图形。

2. 使用「选择工具」选择不规则图形，双击工具栏中的「铅笔工具」，在弹出的铅笔工具选项中设置保真度与平滑度，点击确定。对不规则图形绘制新的路径，直至得到满意的效果。

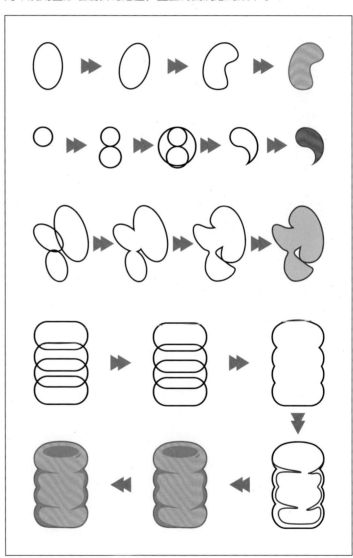

3. 使用「选择工具」选择具有尖角的图形，打开「描边」面板，设置边角为"圆角连接"，使元素变得圆滑。

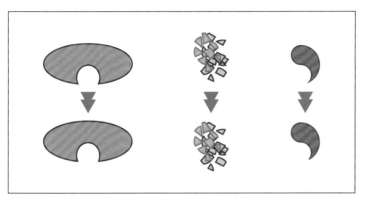

4. 为了使元素更加突出，可给对象添加新描边或添加新填色。使用「选择工具」选择对象，打开「外观」面板，点击面板左下方的添加新描边或添加新填色图标，调整填色和描边的排列顺序，且可以对某一描边或颜色设置不透明度，并添加新效果。

5. 将各元素排放好，添加适当的文字，可为插图添加一背景，使其排列置于底层，完成插图美化效果，如图 B。

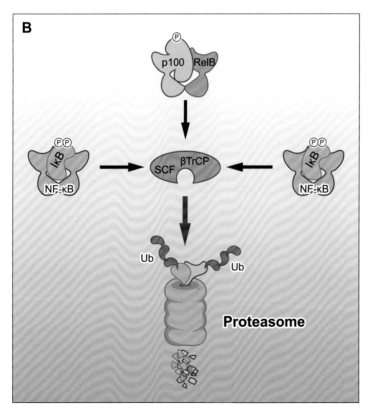

实例二、细胞的形状美化

双击打开素材「0902.ai」。

◆ 绘制原插图

实例知识点

偏移路径的应用
铅笔工具的应用

美化前后效果图

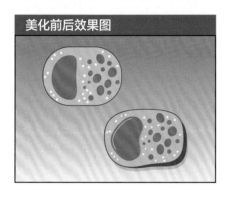

1. 主要选择工具栏中的「**椭圆工具**」和「**圆角矩形工具**」即可以完成图 A 中的不同类型的细胞。

2. 绘制弯月的细胞核，需要使用「**直接选择工具**」选择其中一个锚点，向圆心方向拖动，使圆向内凹陷。

3. 绘制巨噬细胞（Macrophage）不规则的外观，使用「**椭圆工具**」绘制一个大小适当的椭圆，在「**效果**」（Illustrator 效果）>「**扭曲和变换**」中选择粗糙化，勾选预览，设置点为平滑效果，再设置粗糙化的大小与细节，确定最终的效果后点击确定。

4. 最后对各元素进行编组，并添加相应的文字，进行排列对齐，即完成原插图的绘制，如图 A。

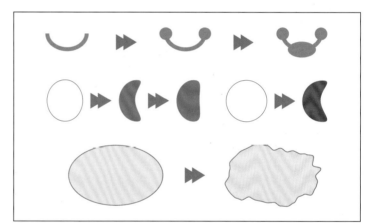

💡 *Tip*

绘制小圆点，将其设置为符号，可以使用「**符号喷枪工具**」绘制大量离散分布的小圆点，配合「**符号位移器工具**」与「**符号紧缩器工具**」的使用，使小圆点落在合适的位置。

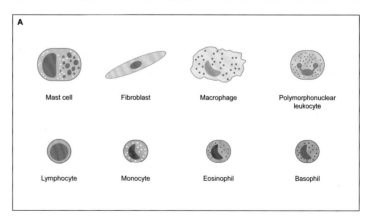

A

Mast cell　　Fibroblast　　Macrophage　　Polymorphonuclear leukocyte

Lymphocyte　　Monocyte　　Eosinophil　　Basophil

◆ 美化插图

1. 选择工具栏中的「**椭圆工具**」和「**圆角矩形工具**」等工具绘制一个基本的轮廓，同时配合使用「**路径查找器**」面板或「**形状生成器工具**」绘制不规则的复杂图形。选择不规则图形，使用工具栏中的「**铅笔工具**」对不规则图形绘制新的路径，直至得到满意的效果，完成插图中细胞的轮廓，为各元素添加填色和描边。

2. 选择细胞胞体，按快捷键 Ctrl+C 进行复制，再按快捷键 Ctrl+B 粘贴在后面，按键盘上的向下和向右方向键几下，使复制的细胞胞体落在原来的细胞的右下方，设置其填色为原来细胞的描边色，无描边，使得细胞具有一定的厚度。同样的操作再添加一个浅灰色的图形，作为细胞的阴影，使得细胞具有一定的立体感。

选择"细胞核"，点击菜单栏中「**对象**」>「**路径**」>「**偏移路径**」，使细胞核向内偏移，设置偏移后的"细胞核"填充颜色为"无"，描边颜色为"白色"。选择工具栏中的「**剪刀工具**」，在左上方剪出一小段，其余的删去，作为细胞核的高光。复制一份"细胞核"粘贴在后面，微调其位置，放在原来"细胞核"右前方。

3. 对所有的细胞进行相同的操作，添加文字，进行排列对齐，即完成插图美化效果，如图 B。

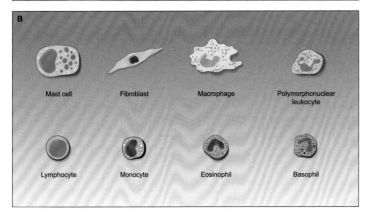

B

Mast cell　　Fibroblast　　Macrophage　　Polymorphonuclear leukocyte

Lymphocyte　　Monocyte　　Eosinophil　　Basophil

💡 *Tip*

小细节：对于细胞内的小点，可以改变其形态、大小与角度，使得细胞更加精美。

实例三、多元素的形状美化

双击打开素材「0903.ai」。

◆ 绘制原插图

1. 使用「椭圆工具」绘制图 A 中的元素，添加填色和描边。

2. 选择工具栏中的「钢笔工具」和「直线段工具」绘制路径，将插图元素连接起来。在「描边」面板中设置路径的端点为"圆头端点"，为具有指向线段添加箭头。选择标注线与指示箭头的路径，点击菜单栏中「对象」>「路径」>「轮廓化描边」，使路径对象变为图形，可为其添加填色和描边。需要注意的是，具有箭头的图形要在「路径查找器」中进行联集后，再进行填色。

3. 为插图添加文字，进行排版后，即完成原插图的绘制，如图 A。

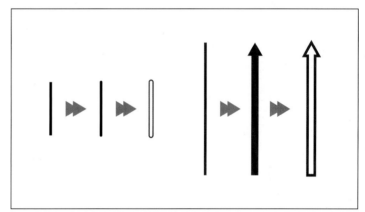

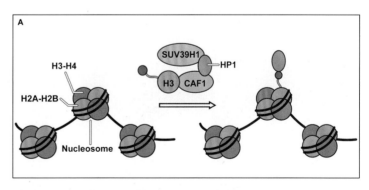

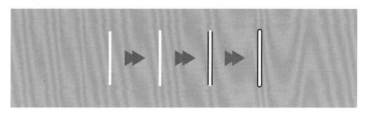

实例知识点

多 / 双描边的应用
3D 效果的应用
剪切蒙版的应用

美化前后效果图

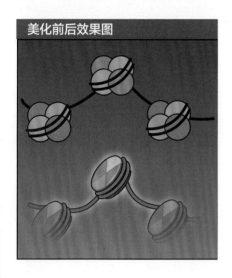

💡 *Tip*

对于路径添加描边，除了进行轮廓化描边或扩展外观外，还可在「外观」面板中添加新描边，优点是对路径本身还可以进行编辑。需要注意的是，不适用于带有箭头的路径。

◆ 美化插图

1. 绘制组蛋白：选择工具栏中的「椭圆工具」，按着 Shift 键绘制一个正圆。再使用「直线段工具」绘制一条水平与垂直的直线段，使其均过圆心。切换到「选择工具」，选择正圆与直线段，打开「路径查找器」面板，选择分割，编组在一起的四个相同扇形。使用「直接选择工具」选择扇形进行填色，描边颜色为"无"。切换到「选择工具」，选择扇形编组。点击菜单栏中「效果」>「3D」>「凸出和斜角」，勾选预览查看效果，设置参数，点击确定。

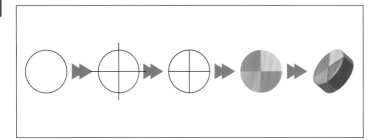

2. 绘制 DNA：选择工具栏中的「钢笔工具」，在组蛋白上绘制两条曲线，在「外观」面板中设置双描边颜色为"灰色""深灰色"。切换到「选择工具」，选择核小体，按着 Alt 键进行复制，选择新复制的核小体，点击菜单栏中「对象」>「扩展外观」，再一次进行「对象」>「扩展」，电脑测试，第二次扩展，会出现选项框，选择描边进行最后扩展，打开「路径查找器」面板，选择联集，鼠标右键取消编组与释放剪切蒙版，删除多余的锚点等内容，设置填充颜色为"无"，描边颜色为"深灰色"，描边边角为"圆角连接"，拖放在核小体的上方。

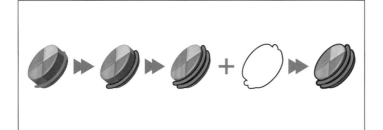

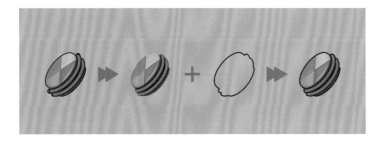

💡 *Tip*

对于核小体的边框，在 DNA 两端处显得描边较粗，可使用「铅笔工具」进行小调整，对调整后的边框进行备份。选择核小体与其边框，点击菜单栏中「对象」>「剪切蒙版」>「建立」（快捷键 Ctrl+7），再添加备份的边框，完成核小体的绘制。

注：用作剪切的边框需要在蒙版对象的上方。

3. 组合核小体：利用 Alt 键复制核小体，摆放成"品"字形。使用「钢笔工具」绘制路径，使得核小体连接起来，路径为双描边效果。切换到「选择工具」，框选三个核小体，点击鼠标右键进行编组。点击菜单栏中「效果」>「风格化」>「外发光」，勾选预览，设置参数，为核小体添加一个发光的效果。

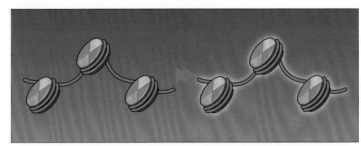

4. 制作蒙版：选择工具栏中的「矩形工具」，在核小体的上方绘制一个矩形，其大小可遮住全部核小体，设置其填色为"白色，黑色"渐变，在「渐变」面板中设置类型为"径向"，选择工具栏中的「渐变工具」，调整渐变批注者（即调整渐变中心的范围）。切换到「选择工具」，框选核小体与矩形，打开「透明度」面板，点击右边的"制作蒙版"按钮。原矩形中的黑色部分将会遮罩住组核小体，越接近白色部分，核小体显示得更加清楚。

Tip

需要编辑不透明蒙版时，在选择了该对象后，打开透明度面板，直接单击里面那个黑白渐变的预览小窗，即选择上了这个不透明蒙版，然后打开渐变面板改变黑白渐变状态即可调整蒙版最终状态；调整确定后，再单击一下透明面板黑白渐变左边的整体图形预览窗口，以停止编辑不透明蒙版。

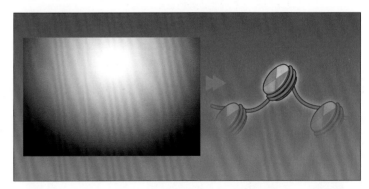

5. 仿照前面的步骤，绘制其他元素，添加标注线与指向箭头，为各元素添加文字，进行布局排版，完成插图美化效果，如图 B。

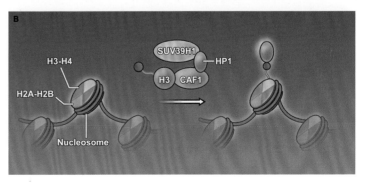

实例四、重新着色

双击打开素材「0904.ai」。

◆ 绘制原插图

1. 选择工具栏中的「椭圆工具」和「矩形工具」绘制通道蛋白的基本轮廓，通过「路径查找器」对矩形与下方的椭圆进行联集，设置描边颜色为"黑色"，描边粗细为"0.75 pt"。

2. 切换到「选择工具」，框选整条通道蛋白圆柱，双击工具栏下方的填色，弹出「拾色器」面板，移动中间色谱的颜色滑块到紫色区域，在左边的色域中选择淡紫色。取消选择后，选择椭圆下方的图形，双击填色，在弹出的「拾色器」面板中选择颜色深一些的紫色，即完成通道蛋白的填色。

3. 复制几份通道蛋白，使用「直线段工具」绘制一垂直直线段，在「描边」面板中添加箭头，完成一组通道蛋白，同样的操作完成其他的通道蛋白。

实例知识点

渐变面板的应用
重新着色图稿的应用

美化前后效果图

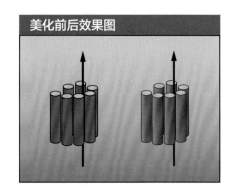

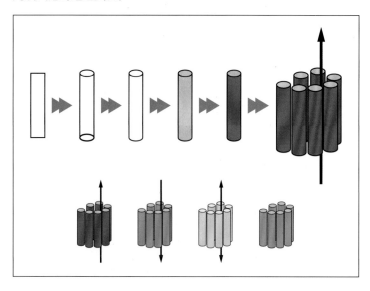

4. 绘制一对磷脂分子，再大量复制形成磷脂双分子层。使用「文字工具」添加文字，排放好各元素，即完成原插图，如图 A。

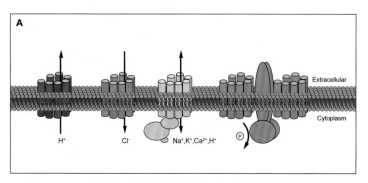

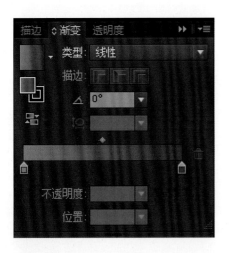

◆ 美化插图

1. 使用「**选择工具**」选择通道蛋白的柱身，打开「**渐变**」面板，设置浅紫色到深紫色渐变，增加立体感。对于通道蛋白的描边，在拾色器中选择一个更深的紫色，使得通道蛋白的色彩过渡更加自然。同样，通道蛋白中的箭头颜色与其描边色相同。

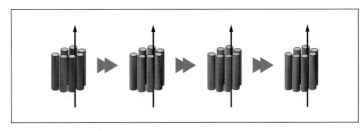

2. 使用「**选择工具**」选择通道蛋白组与箭头，进行复制三份，在控制栏中点击重新着色图稿图标，选择编辑状态，锁定连接协调颜色，在色轮中移动颜色组，快速调整不同的色调。在「**描边**」面板中可添加箭头并互换箭头起始处和结束处。

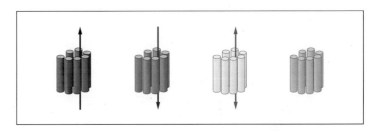

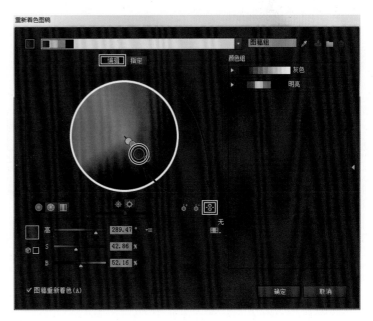

3. 选择其中一个磷脂分子的头部，点击菜单栏中「**选择**」>「**相同**」>「**填色和描边**」，即快速选择上全部的磷脂分子的头部。打

开「渐变」面板，设置"浅灰色，灰色"的径向渐变，使得磷脂分子更加具立体感。

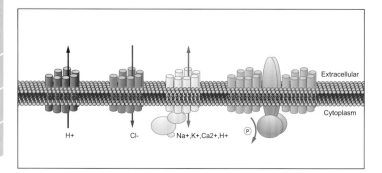

4. 插图由磷脂双分子层分为细胞外（Extracellular）与细胞质（Cytoplasm）两个部分，可为插图添加一个渐变背景，细胞外的颜色较浅，细胞内的颜色较深。

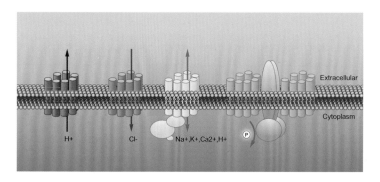

5. 插图的背景颜色较深，可在「外观」面板中为文字添加新描边颜色为"白色"，描边的边角连接为"圆角连接"。另外，可再添加填充色，将填色设置为相应通道蛋白的描边颜色，使文字与元素的关联性更强，完成插图美化效果，如图 B。

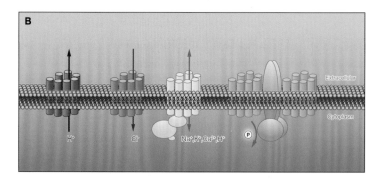

💡 **Tip**

对于背景的设置，可选择两种近似色为渐变效果。可先设置一种颜色，打开「颜色参考」面板，选择近似色，添加到「色板」面板中。在「渐变」面板中可双击滑块，设置颜色。

💡 **Tip**

在较深色的背景中，对于文字亦可设置其填色为"白色"，再添加一个较深色的描边，以突出文字内容。

实例五、丰富颜色

双击打开素材「0905.ai」。

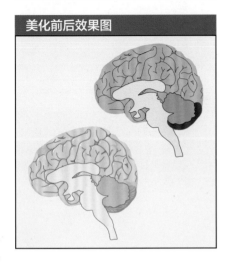

◇ *Tip*

在控制栏或是在「**透明度**」面板中设置透明度，如设置为 50%；点击菜单栏中「**对象**」>「**锁定**」（快捷键 Ctrl+2），解锁是选择「**对象**」>「**全部解锁**」（快捷键 Ctrl+Alt+2）。
另外，还可以在「**图层**」面板中创建新图层，置于底层，只将参考图片剪切粘贴到该图层，点击图层右上角的菜单，选择模板。

◆ 绘制原插图

1. 素材的制作：可将参考的图片置入 AI 中，降低其透明度并将其锁定，选择工具栏中的「**钢笔工具**」或「**铅笔工具**」进行描摹绘制，配合「**直接选择工具**」、「**锚点转换工具**」等对「**钢笔工具**」路径进行微调。

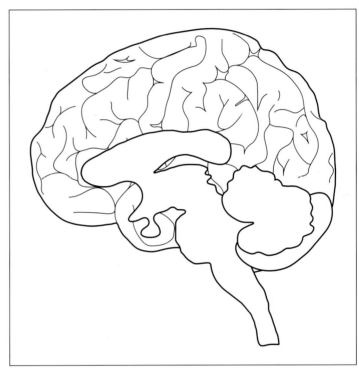

2. 添加文字与通路：大脑区域使用「**椭圆工具**」绘制椭圆，个别椭圆使用「**选择工具**」旋转一定的角度。在椭圆上添加文字，设置加粗。再使用「**钢笔工具**」绘制曲线，添加箭头。

3. 添加颜色：在「**色板**」面板中选择色板，完成原插图，如图 A。

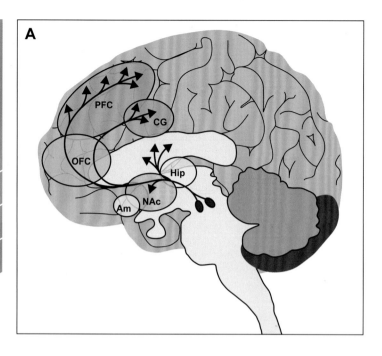

Tip

椭圆的填充颜色设有一定的透明度，可以看到大脑的回路；而椭圆的描边为实线，不具有透明度。填充颜色或描边颜色设置透明度，需要在「外观」面板里设置。

◆ 美化插图

1.「**色板**」面板中的色板较少，如果想要更丰富的颜色选择，可以在拾色器中手动设置颜色或使用颜色参考面板提供的颜色进行搭配。在「**色板**」面板左下角的"色板库"菜单中，还有许多种类的色板供选择，例如"肤色"。

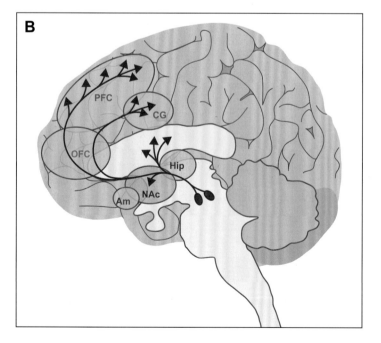

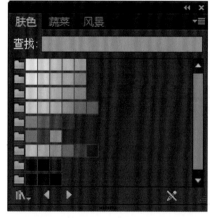

Tip

若有色彩搭配比较好的参考图，可将其置入AI中，选择需要填色的对象，选择工具栏中的「**吸管工具**」，按着 Shift 键，吸取参考图的颜色。需要注意的是对象填充的是填充颜色还是描边颜色。

2. 为了使元素更具美感，为纯色块元素添加高光、阴影等效果，可制作出立体的效果，还可添加更多的细节，丰富元素。利用

Alt 键复制小脑元素，使其重叠，框选两者，在「**路径查找器**」中进行联集，叠加在原小脑中，作为阴影部分，设定光源在左上方。使用「**铅笔工具**」在小脑上绘制纹路，完成小脑的美化。

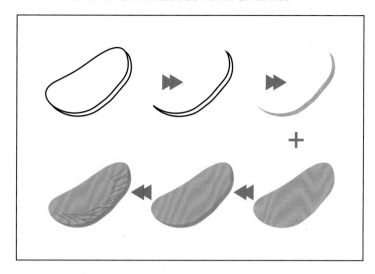

3. 使用「**铅笔工具**」勾画大脑皮层回路，填充较浅的颜色，增加大脑的厚度感，由于浅色部分超出大脑的轮廓，需要复制一份大脑轮廓，在需要进行剪切的图像上方，建立剪切蒙版。

4. 设定光源在插图的左上方，使用「**钢笔工具**」勾画一小段弧线段，作为脑皮层的高光，设置填充颜色为"无"，描边颜色为"白色"，设置描边的边角连接为"圆角连接"。为路径设置变量宽度配置文件，或者使用「**宽度工具**」进行手动调整，完成美化插图效果，如图 B。

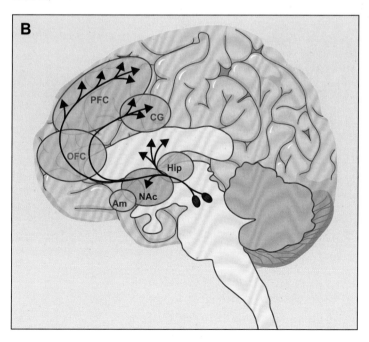

实例六、颜色渐变

双击打开素材「0906.ai」。

◆ 绘制原插图

1. 插图中细胞配色使用相同的色系，如 Neuron（神经元）的细胞质是橙色，细胞核是深一些的橙色。Myelin（髓磷脂）绘制成圆柱状的轮廓，根据光线的明暗调整颜色的渐变深浅，可表现出其立体感。Blood-brain barrier（血脑屏障）内外之间，使用不同的背景色表示区域的划分。选择比较柔和的颜色／配色，完成原插图 A 的上色。

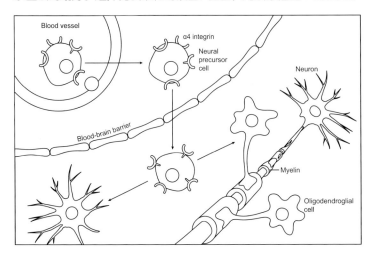

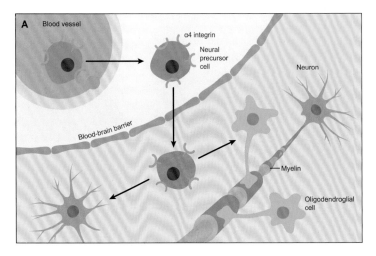

实例知识点

颜色渐变的应用
内发光效果的应用

美化前后效果图

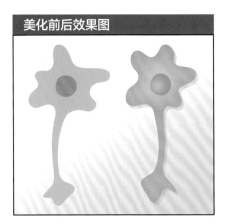

💡 **Tip**

血脑屏障的绘制：先绘制单个元素，将其创建为图案画笔。

神经元的绘制：先绘制一个圆，使用「铅笔工具」在圆的四周绘制路径作为树突，设置这些路径的宽度，将其轮廓化描边，并与圆进行联集，再使用「铅笔工具」使较尖锐的地方变得圆滑。

◆ 美化插图

1. 添加渐变：对于形状接近圆形的元素，可为其添加径向渐变，如细胞核；其他的形状根据需求添加线性渐变，如背景。

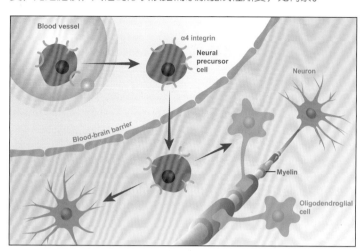

2. 添加内发光效果：对于不规则的元素，使用渐变往往不能得到理想的效果，如神经元细胞。而应用内发光效果，便可以解决此问题，根据需求设置模式、不透明度、模糊及模糊的位置。

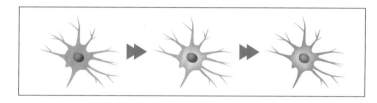

3. 小细节美化：更改箭头的样式与颜色，为箭头路径设置宽度配置文件。在细胞与血管元素下方添加一个浅灰色的投影，可降低投影的透明度。完成插图的整体美化，如图 B。

💡 *Tip*

添加内发光效果后，元素的颜色会变得较浅，此时可调出拾色器，将元素的填充颜色加深。

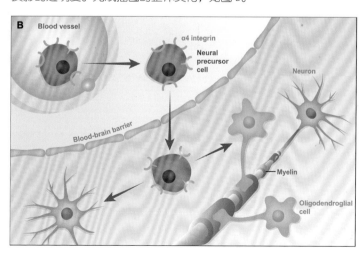

实例七、细胞的布局优化

双击打开素材「0907.ai」。

◆ 原插图

图 A 中箭头指示使用直线段，虽然可以清楚地表示插图的意思，但看起来并不美观。箭头直线段横七竖八地落在插图中，使插图显得并不正规。

实例知识点

格式塔法则

美化前后效果图

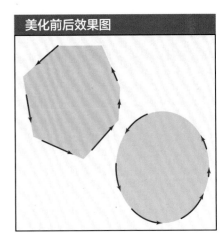

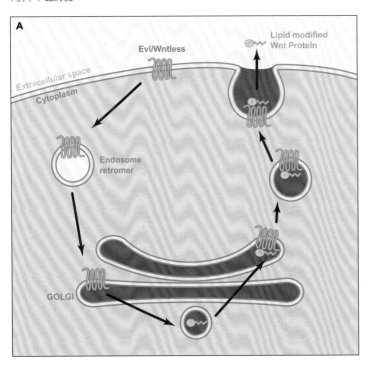

◆ 优化插图

1. 删除图 A 中所有的直线段箭头，将图 A 中所有的直线段箭头移动到画板外。使用「**椭圆工具**」绘制一个大椭圆，切换到「**选择工具**」，调整椭圆的大小和位置，使其正好跨过整个囊泡运输的过程或落在跨过整个囊泡运输的过程上方。在控制栏处设置与原直线段箭头相同的描边颜色与描边粗细。

2. 选择工具栏中的「**剪刀工具**」，在靠近元素的地方，将椭圆的路径剪断，切换到「**选择工具**」，将落在元素上方的弧线段删去，剩余的弧线段作为箭头指示的线段。

3. 选择工具栏中的「**选择工具**」，利用 Shift 键，加选所有的弧线段。打开「**描边**」面板，为弧线段添加箭头，需要注意的是箭头的方向。我们的思路会顺着弧线段的指向阅读，插图看起来更加柔和美观、有连续性，完成插图优化，如图 B。

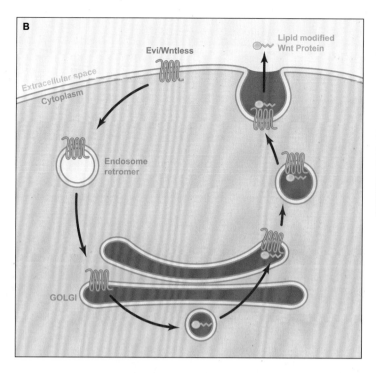

延伸知识：格式塔法则

1. 图 B 中的弧线段各不相连，但是会让人产生一种错觉，这是一个椭圆，这使得弧线段与元素连接成为一个整体，这是格式塔原则中的 Continuity（连续）原则。

2. 此外，格式塔原则还有其他的原则，如 Closure（闭合）原则、Proximity（接近）原则、Similarity（相似）原则。

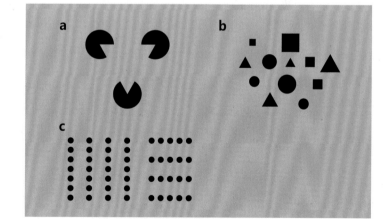

:bulb: *Tip*

闭合原则：闭合可以实现统一整体，但是不闭合时候也可实现这种效果。如右图 a，我们会认为有一个三角形。

相似原则：强调内容关系，具有明显共同特性（如形状、运动、方向、颜色等）的事物容易组合在一起。如右图 b，我们会将相同形状的归一组。

接近原则：强调位置关系，实现统一的整体。如右图 c 中的左图，我们会看作四列，右图会看作是四排。

实例八、细胞膜的布局优化

双击打开素材「0908.ai」。

◆ 原插图

图 A 分了两个部分，以不同的颜色区分板块，作为同一事物的两种状态。这两个部分有相同的元素，如靠左边的第一个元素和细胞膜，显得插图不够简洁。

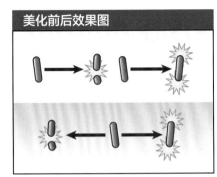

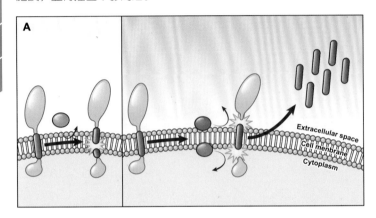

◆ 优化插图

1. 图 B 中依然以颜色分板块，但是这两个板块共用一个细胞膜与颜色分界处的元素，以分界处的元素向左右两边延伸，分别为两种状态。这样大大节省了画面的空间，显得简洁，同时又一目了然。

2. 需要注意的是，并不是所有的重复元素都可以删去，在不改变插图的原意思的基础上，才可以删去。左边的橙色蛋白虽然是重复的元素，但是由于它们能形成一定的结构，且会在细胞膜外聚集，有一定数量可凸显其壮观性。

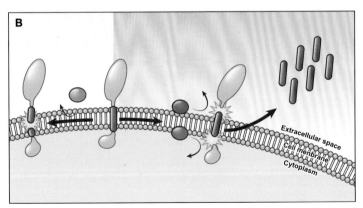

实例九、多元素的布局优化

双击打开素材「0909.ai」。

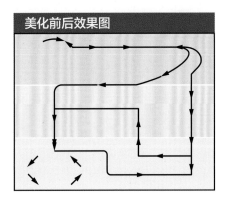

◆ 原插图

从图 A 中看出里面的元素较多，且通路较复杂。一开始通路的走向从左到右，在最右边分离出两条支路，两支路有相互交集，又有各自的分路，使得插图看起来不够一目了然。

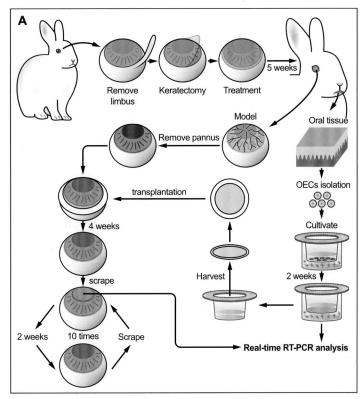

◆ 优化插图

1. 将图 A 中元素重新布局，两条支路均各自作为一条通路，使元素的走向基本从左到右，符合我们的阅读顺序，在每一条通路的左上角标上一个字母，这样在文章中便可更清晰地描述插图。

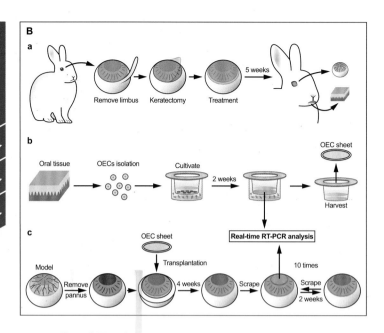

2. 为了使图 B 中 a、b、c 通路之间的分界更加突出，我们可以在这三条通路的下方添加浅色的背景。同时，根据背景色，为通路的文字添加同色系的深色，还可以更改箭头颜色与样式。经过布局优化后，大大提高插图的可读性、美观性。

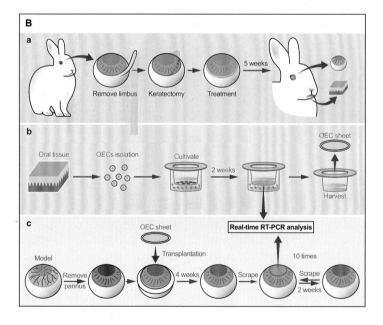

💡 *Tip*

当插图中元素较多时，分板块会使插图的思路更加清晰，同时在描述插图时更加方便。

Appendix I
与其他软件的交互

AI 与 Office 的交互

Microsoft Office 软件中 Word、Excel、PowerPoint 是我们常用且熟悉的办公软件，它们可和 AI 实现交互，给科研工作者带来很多的方便。下面我们来学习 AI 与 Office 软件如何实现交互。

◆ AI 与 PowerPoint 的交互

AI 是一款专业的矢量绘图软件，其操作简单，使用它可以绘画出精美的插图。

对于广大的生命科学领域的科研工作者来说，PowerPoint 是他们所熟悉的，且 PowerPoint 的绘图功能逐渐变得完善和简便，但 PowerPoint 无法直接导出符合杂志社要求的高质量图片仍然是他们的困扰。AI 与它的交互，可以解决这个问题。另外，PowerPoint 的绘图精美度也是无法与专业的绘图软件 AI 相比的，用 PowerPoint 所绘画的插图可以在 AI 软件中进一步美化。而 PowerPoint 中插入公式的优势，可以解决 AI 输入公式的麻烦。

把 PowerPoint 的科研插图放入到 AI 中进行美化

1. 打开已经绘画好插图的 PowerPoint 文档，在「**开始**」选项卡上的编辑组中，单击选择下的全选，全选插图中的全部对象；然后点击鼠标右键，选择复制。

2. 在打开的 AI 软件中，点击菜单栏中「**编辑**」>「**粘贴**」，得到的仍然是可编辑的对象，在 AI 中对插图进行美化。

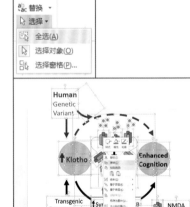

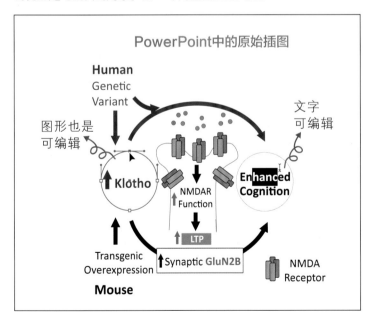

PowerPoint中的原始插图

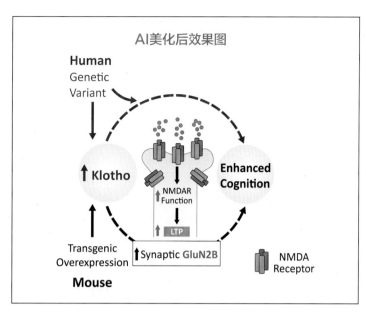

AI美化后效果图

Tip

若插图用于电子显示领域，导出时颜色模式选择 RGB；若插图用于印刷领域，导出时颜色模式选择 CMYK。

在 AI 软件中导出高质量的图片

1. 在 AI 软件中，点击菜单栏中「**文件**」>「**导出**」，保存类型选择 jpg 或 tif，勾选使用画板；修改分辨率为 300 ppi 或更高，导出高质量图片。

2. 在 AI 软件中，点击菜单栏中「**文件**」>「**导出**」，保存类型选择 png，勾选使用画板；修改分辨率为 300 ppi 或更高，导出高质量的无背景色图片，可插入到 PowerPoint 当中。

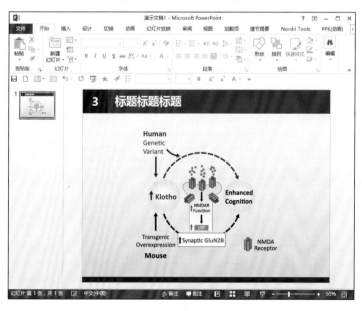

在 PowerPoint 插入公式并放到 AI 中

1. 打开 PowerPoint，在「**插入**」选项卡上的符号组中，选择公式，PowerPoint 中自带丰富的符号和结构，可以组合成想要的公式，或者点击公式下的三角符号，下拉列表还会自带现成的一些公式。

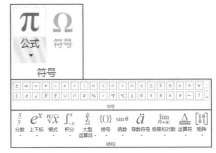

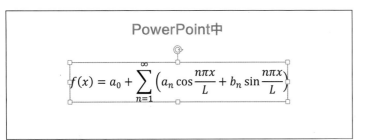

2. 点击选择步骤 1 已经插入或编写好的公式，点击鼠标右键，选择复制，在 AI 新建文档中，点击菜单栏中「**编辑**」>「**粘贴**」，得到的是矢量图，但无法进行文字编辑。

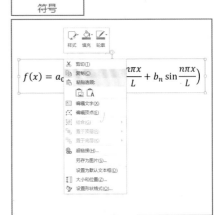

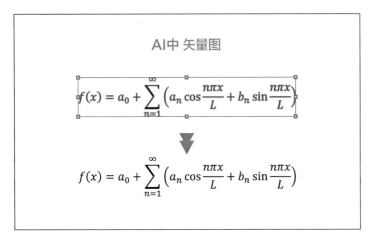

把 AI 的科研插图放到 PowerPoint 中

PowerPoint 是一款功能强大的演示文稿编辑软件，可以制作出集文字、图形、图像、声音、动画及视频等多媒体元素于一体的演示文稿，被广大科研工作者常用于展示科研成果。AI 是专业的矢量绘图软件，使用它可以绘画出很精美的插图，同时它的操作简单。有 AI 软件的帮助，在 PowerPoint 中展示的插图、元素可以更加精美，甚至可以制作精美 PowerPoint 动画，制作 PowerPoint 的效率更高。

把 AI 的科研插图放到 PowerPoint 中进行编辑

如果 AI 中的插图是简单的纯色图形，通过在 AI 中选择该图形，通过快捷键 Ctrl+C 进行复制，打开 PowerPoint 新建幻灯片，点击鼠标右键，选择「粘贴选项」>「图片」，对象即被粘贴到 PowerPoint。对象被选中的情况下，点击鼠标右键，选择「组合」>「取消组合」，取消组合两次，即可对对象重新编辑，包括改变颜色和编辑形状（点击鼠标右键，选择编辑顶点）。

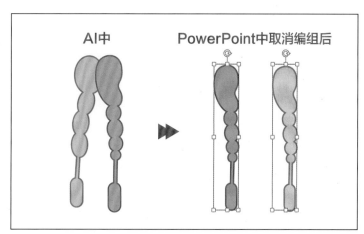

Tip

如果 AI 中的插图包括较复杂的图形，如这个图形包含颜色渐变等处理，则复制粘贴到 PowerPoint 后，没取消组合前是透明底插图；若取消组合，文字和纯色部分仍可编辑，较复杂的部分即无法编辑。

◆ AI 与 Excel 的交互

Excel 是广大科研工作者用于制作图表的软件之一，制作条形、线条、柱形等图表。建立了图表后，我们可以通过增加图表项，如趋势线、误差线等来强调某些信息及美化图表，或可以用格式属性来设置这些图表项的格式。但这些操作具有限制性，无法进一步优化图表。而 Excel 所制作的图可以通过导入 AI 中进行后期再编辑、优化图标的各个方面，得到精美的图表。

把 Excel 的图表放入 AI 中进行美化

1. 在 Excel 打开已经制作好的图表，用鼠标点击图表，再点击鼠标右键，选择复制。

2. 在 AI 软件中，点击菜单栏中「**编辑**」>「**粘贴**」，得到的仍然是可编辑的对象。使图表取消编组后，继续点击鼠标右键释放剪切蒙版，在 AI 中对图表进行美化。

📝 **Note**

从 Excel 复制到 AI 中的图表，对象比较复杂，可以选择对象，在 AI 界面的左上角查看对象的状态。若状态为编组，可进行取消编组操作；若状态为剪切组，可进行释放剪切蒙版操作。

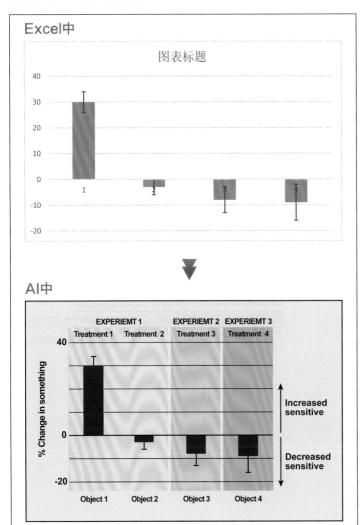

AI 与 Photoshop 的交互

Photoshop（PS）具有强大的图片编辑功能，其处理对象主要为位图，对于广大科研工作者来说，是一款优秀的处理实验照片等的编修与绘图工具。PS 主要功能有图像编辑、图像合成、校色调色及功能色效制作等。此外，PS 在文字、视频、排版等各方面都有涉及。而 AI 是专业的矢量编辑软件，其绘制矢量插图及排版方面要比 PS 更胜一筹。PS 与 AI 的相互配合，大大提高插图的精美度与操作的效率性。

将在 PS 中处理好的照片放在 AI 中进行排版

1. 在 PS 中处理实验照片，如进行裁剪、调整亮度 / 对比度、饱和度、色彩平衡等，储存为 JPGE 格式的图片。

2. 将处理好的图片嵌入到 AI 中，作进一步的排版，最终完成一张完整的插图。

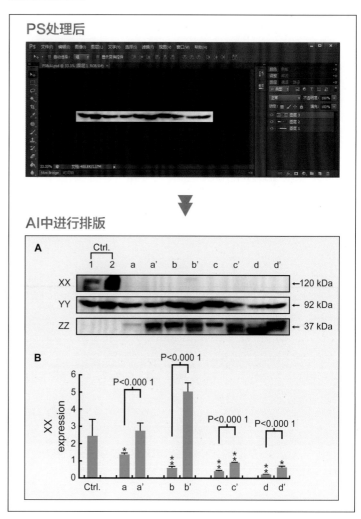

AI 与 Matlab 的交互

Matlab 的绘图功能非常强大，用 Matlab 的画图命令可以生成复杂的图形，是广大科研工作者用于制作图表的软件之一。但是有三个突出的问题：所制作的图表配色不够美观、导出的图片质量不高，以及有时导出图片和 Figures 中实际所见并不一致。Matlab 所制作的图大部分可以通过导入 AI 中进行后期编辑，包括文字、线条、颜色等，然后再导出高质量的符合出版要求的图，这样很好地解决上述的问题。

把 Matlab 的图放进 AI

1. 另存为 eps 文件，再在 AI 中打开：打开 Matlab 软件，输入代码，按 Enter 键即出现如下图的散点图例，在图表窗口处选择「File」>「Save As」，在文件保存类型选择 eps 格式；保存 eps 文件后，用 AI 软件打开，图表仍可以被编辑。然后图表再通过 AI 软件导出其他适合的格式，如常用的 tif 格式。

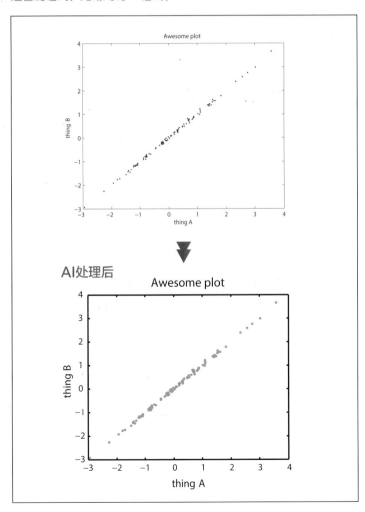

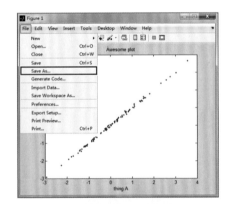

Note

部分复杂的图表导出 eps 格式，在 AI 中打开可编辑性降低：复杂的图表如使用渐变色，渐变色块会变成图片无法编辑，图表的其他部分，如文字和线条等仍可编辑；若图形很复杂，且没有线框，则图形可能被切割成几部分的图片，无法再编辑。

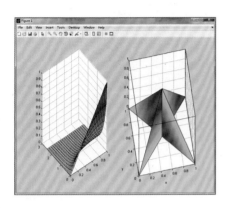

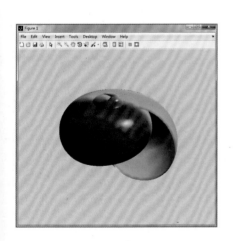

AI中

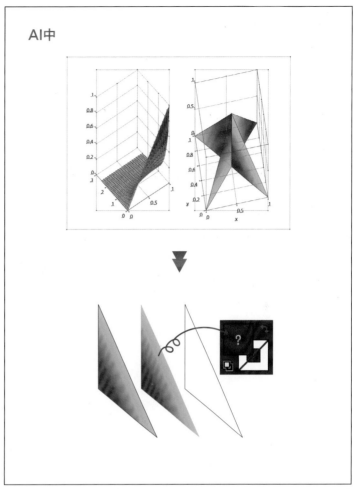

AI中

AI 与 Flash 的交互

Flash 不是专门的制图软件，它在绘图方面没有 AI 软件操作简单和精美，在 AI 中绘画的图形可以以矢量图的方式导入 Flash，在 Flash 里面可以再编辑修改元素。这种软件间的兼容，大大提高了 Flash 制作动画的效率。这里使用的 Flash 软件版本是 Professional CS6。

将 AI 元素导入 Flash

方法一：在 AI 制作的元素另存为位图，再导入 Flash，因为不是矢量图，所以不能直接在 Flash 中进行编辑。

方法二：AI 元素直接拖拉到 Flash 文件中，元素为矢量图，可在 Flash 中进行编辑。

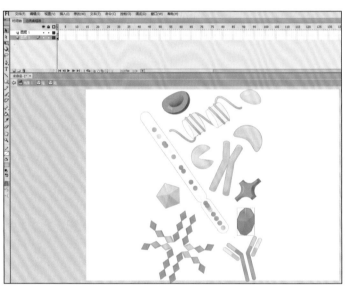

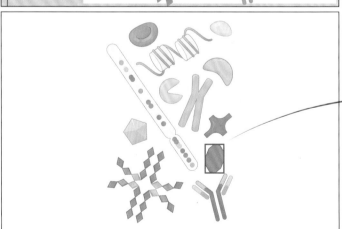

实例知识点

多种工具综合应用

☀ *Tip*

本节使用的 Flash 软件为 Professional CS6，比 CC 版本低，AI CC 版的元素无法直接拖拉进 Flash，需要导出保存为 AI CS6 版本的文件，即可直接拖拉进 Flash，并且是可编辑的。

将 Flash 元素导入 AI

Flash 制作的元素，可以通过快捷键 Ctrl+C、Ctrl+V 直接复制到 AI 中，但是元素会变成位图，无法直接编辑元素。

制作并导出简单的 SWF 动画

1. 在 AI 中绘画四个元素，分别填充不同颜色，居中对齐。

2. 在「**图层**」面板中，选择右上角显示更多选项，点击选择释放到图层顺序，这时会发现图层颜色发生改变，说明释放成功。如没改变，说明操作错误，查找前几步是否做错。

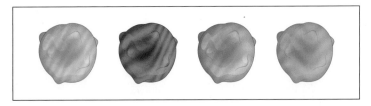

3. 在 AI 软件中，点击菜单栏中「**文件**」>「**导出**」，选择 SWF 格式；设置基本、高级等选项，点击确定。

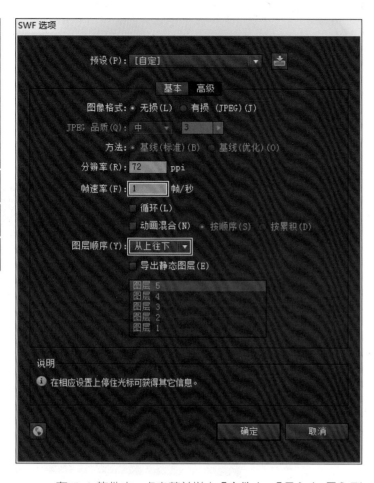

Note

导出时在设置文件名与保存类型后，不能勾选使用画板，否则不能设置一些基本和高级的选项。

4. 在 Flash 软件中，点击菜单栏中「**文件**」>「**导入**」，导入到舞台或库；图形仍是矢量图，还可以在 Flash 中继续修改。

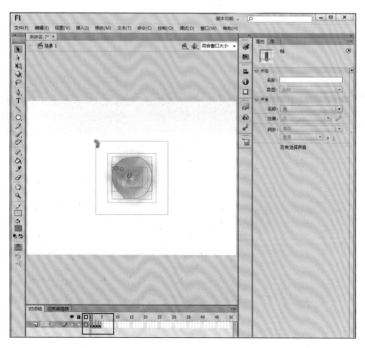

Appendix II

部分期刊的
投稿要求

Cell 插图规范

Figures

1. 尺寸：8.5 in × 11 in（页面大小）

1 栏：85 mm；1.5 栏：114 mm；2 栏：174 mm

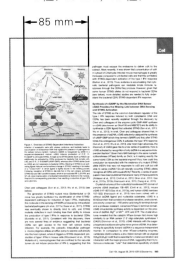

1栏图

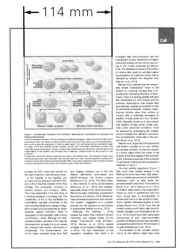

1.5栏图

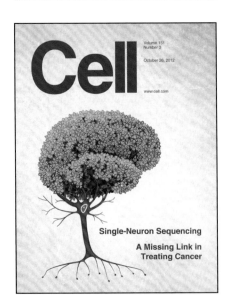

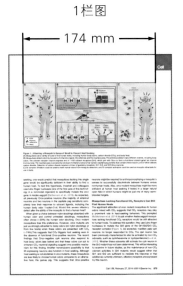

2栏图

2. 线条：0.35~1.5 pt

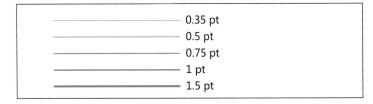

0.35 pt
0.5 pt
0.75 pt
1 pt
1.5 pt

3. 字体：Helvetica 或 Arial

4. 文件格式：TIFF（≤ 20MB），PDF（≤ 20MB），AI，EPS

5. 分辨率：彩色为 300 dpi，黑白为 500 dpi，线条为 1 000 dpi

6. 颜色模式：RGB（涉及颜色）

Graphical Abstracts

1. 尺寸：5.5 in × 5.5 in

2. 分辨率：300 dpi

3. 文件格式：TIFF，PDF，JPEG

4. 字体：Arial

5. 字号：12~16 point

12 point

13 point

14 point

15 point

16 point

Tip

参考网址：http://www.cell.com/figureguidelines

Homepage Slider Images

1. 尺寸：592 px × 200 px (1.973 in × 0.667 in / 5.01cm × 1.69 cm)

2. 颜色模式：RGB，8 bit

3. 文件格式：JPEG

4. 图片质量：中到高 /6~12

5. 文件大小：< 100 KB

Nature 插图规范

Figures

1. 标准尺寸：

1 栏：89 mm；2 栏：183 mm

页面高：247 mm

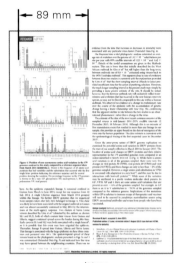
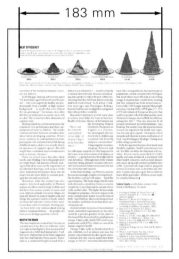
2. 文件格式：JPEG

3. 图片质量：高

4. 分辨率：彩色为 300 dpi，灰度为 600 dpi，艺术线条为 1 200 dpi

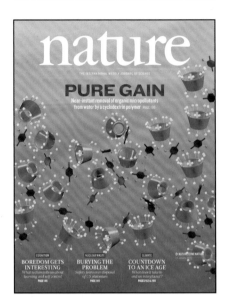
💡 *Tip*

参考网址：http://www.nature.com/nature/authors/gta/#a5.8s

The New England Journal of Medicine 插图规范

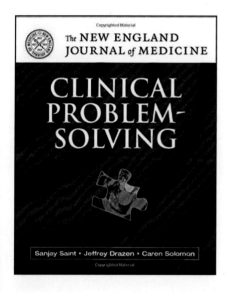

 Tip

参考网址：http://www.nejm.org/page/author-center/technical-guidelines

Illustrations

文件格式：

PDF, GIF, JPEG, TIFF, BMP

Adobe Photoshop

Adobe Illustrator

Microsoft PowerPoint

Graphs 和 Charts

文件格式：

Adobe Illustrator ，PDF（最好的格式）

BMP（1 200 dpi）

Microsoft PowerPoint，Excel 和 Word 98/2000（非嵌入位图）

Photographic Images

1. 文件格式：EPS, TIFF, Adobe Photoshop, JPEG（最高图片质量）

可接受：BMP, CT, PDF, Microsoft PowerPoint 98/2000

不接受：Microsoft Word, GIF, Movie (video)

2. 位图分辨率：266 dpi/ppi

3. 颜色模式：RGB，灰度，位图

Spandidos 系列插图规范

Figures

1. 文件格式：TIFF（LZW 压缩），JPEG（最高图片质量）

不接受：嵌入或粘贴在 Word 或 PowerPoint，BMP，GIF，PCT，PNG，低质量 JPEG

2. 颜色模式：

彩色：RGB/CMYK

黑白 & 线条：灰度模式，RGB

组合（彩色 & 线条）：RGB

3. 尺寸：

单栏：8.00 cm；双栏：17.00 cm

最大高度：20.00 cm

4. 分辨率：≥ 300 dpi

5. 字号：8~10 point

6. 字体：Times，Helvetica，Symbol

7. 小数表示："0.5"，不可为 ".5"

8. 小数点："."，不可为 ","

9. 计量单位：单位前空一格

10. 缩写单位：

second(s)：sec

minute(s)：min

hour(s)：h

day(s)：day(s)

week(s)：week(s)

month(s)：month(s)

micro：μ (Times 或 Helvetica)，不可为 "u"

liter(s)：l，不可为 L

kilo Dalton：kDa，不可为 "kD, Da, bp, kb"

5 units 可以为 5 U/ml

需要简写：α，β，γ 等 (Times 或 Helvetica)

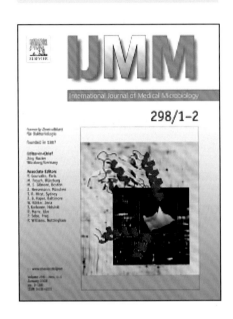

💡 *Tip*

参考网址：http://www.spandidos-publications.com/pages/info_for_authors

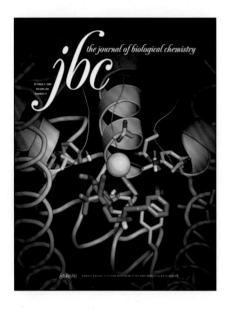

The Journal of Biological Chemistry 插图规范

Figures

1. 文件格式：PDF，TIFF，EPS

2. 颜色模式：RGB（不可为 CMYK），灰度，位图

3. 尺寸：

1 栏：8.9 cm；1.5 栏：12.7 cm；2 栏：18.2 cm

最大高度：15 cm

4. 分辨率：≥ 300 dpi

5. 字体：Helvetica，Arial，Times Roman

特殊字体：Symbol，Mathematical PI，European PI

（菜单栏「**文字**」>「**字形**」）

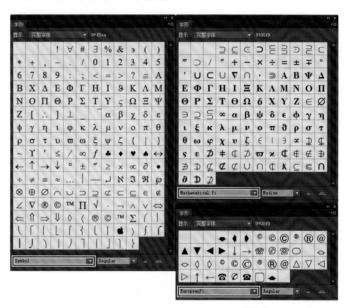

Tip

参考网址：http://www.jbc.org/site/misc/ifora.xhtml#tables

Journal of Clinical Oncology 插图规范

Figures

1. 尺寸：

1 栏：8.5 cm；1.5 栏：12.5 cm；2 栏：17 cm

2. 文件格式：EPS，PDF，AI

3. 字号：6~12 point

4. 字体：Arial，Helvetica

5. 分辨率：≥ 300 dpi

 Tip

参考网址：http://jco.ascopubs.org/site/ifc/
formatting-requirements.xhtml

The Lancet 插图规范

Figures

1. 分辨率：≥ 300 dpi

2. 尺寸：107 mm

3. 主标题：10 point，Times New Roman（粗体）

4. 注释：10 point，单倍行距

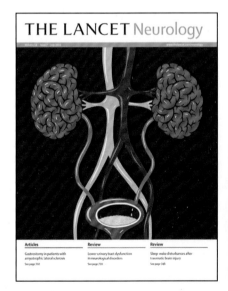

 Tip

参考网址：http://www.thelancet.com/lancet/
information-for-authors/web-extra-guidelines